Microsoft Power Apps

ビジネスアプリ入門講座

富士ソフト株式会社
南如信 著

- 本書に掲載されている説明を運用して得られた結果について、筆者および株式会社ソーテック社は一切責任を負いません。個人の責任の範囲内にて実行してください。
- 本書の内容によって生じた損害および本書の内容に基づく運用の結果生じた損害について、筆者および株式会社ソーテック社は一切責任を負いませんので、あらかじめご了承ください。特に、購入例や参考画像として紹介している商品は説明のための例示であり、特許・意匠権に侵害している可能性があります。購入の際は必ず事前に確認し、自己責任でご購入ください。
- 本書の制作にあたり正確な記述に努めていますが、内容に誤りや不正確な記述がある場合も、筆者および株式会社ソーテック社は一切責任を負いません。
- 本書の内容は執筆時点においての情報であり、予告なく内容が変更されることがあります。また、環境によっては本書どおりに動作および実施できない場合がありますので、ご了承ください。
- 本文中で紹介している会社名、製品名は各メーカーが権利を有する商標登録または商標です。なお、本書では、©、®、TMマークは割愛しています。

はじめに

P.F. ドラッカーの言葉に、「成果すなわち仕事からのアウトプットを中心に考えなければならない」というものがあります。

これは成果がその人からどれだけのものが生み出されたかということであるかが重要ということですが、これまではコーディング技術の難易度が高かったり、完成するまで成果物の見えないことがあったりと、アウトプットを中心に考えることの阻害要因がありました。

このようなシーンにおいて、近年のローコード開発の進化はアウトプットを中心に考えることができる環境が揃ってきたと思います。

その代表的なものの1つがPower Platformです。Power Platformの登場で、これまでアプリケーションを作ったことのない人がアウトプットを中心にアプリケーション開発を行え、組織に業務改善を始めとするデジタル変革をもたらすことが可能になりました。

Power PlatformはMicrosoftのローコードソリューションです。Power Apps、Power Automate、Power BIから構成され、プログラミングの深い知識がなくてもビジネスアプリケーションを作成したり、ビジネスインテリジェンスを利用したりすることが可能な画期的なソリューションです。

本書ではその入門として、Power Appsを起点にローコード開発の基本を理解し、Power Platformでのアプリケーション開発を推進することが可能な知識と技術を習得できるよう構成しました。

Power Appsでのアプリケーション開発は学習環境が整っているため、初心者でもすぐに開発が開始できます。

しかしながら、「まずは作ってみてください」や「Webで調べたり、YouTubeで動画を見て作ってください」と言われても、ほとんどの人は何をどうやって学習を始めたり、開発を進めてよいのかがわからないはずです。

本書の目的の1つは、Power Appsの基礎知識を理解することにより、Power Appsでの開発のイメージを持ってもらうことです。学習が完了した段階で、Microsoft Learnなどを参照しながら、簡単な業務アプリケーションを作成できるようになることが目標です。

本書での学習を行うことで、アプリケーションを作るときに知っておきたい最低限の事柄に自然と触れられるよう工夫してます。

結果的に「まずは作ってみる」、「WebやYoutubeを元にさらにスキルアップを図ることができる」ようになっているはずです。

　わからないなりに手を動かしながら勉強することも欠かせませんが、学習環境が充実している現在では、アプリケーション作成における基本は先に押さえておく方が効率的です。

　学習を進めるに当たって、多くの場合にぶつかる壁が2点あります。

　1つ目は、アプリケーションを支えるプログラミングの基礎知識が必要である点です。

　Power Appsの出現によってアプリケーション開発が身近になり、ボタンやアイコンの配置や文字フォントの変更のような設定はマウス操作で手軽にできるようになりました。しかし、変数や配列、テーブルの属性などの考え方はPythonやJavaScriptのような開発言語と大差ありません。この点は本書でもページを割いて説明していますので、焦らずに時間を掛けて取り組んでいただきたいと思います。

　2つ目は「データへの理解」です。

　アプリケーション開発には「メタデータ」と呼ばれる、いつ誰がどこにそのデータを作成したのかといった「データに関するデータ」のような考え方があります。

　メタデータをどう使用していくのかも本書で理解いただければと思います。

　ここまでの説明で、ローコード開発と言ってもやっぱり難しいと感じた人もいると思います。

　しかしながら、これまでのアプリケーション開発のプログラミング学習と違い、Power Appsでのアプリ開発はアウトプットのイメージを中心に学習できます。完成イメージを持てるので、最初は不慣れで難しく感じる専門用語も、読み進めていくうちに慣れていくはずです。

　本書を通してPower Platformでのアプリケーション作成に必要なデータや手順などを知ることで、WebやMicrosoft Learnなどで自ら調べながらアプリケーション開発が可能となり、Power Platformに搭載された人工知能（Copilot）を活用することも可能となります。

　本書により、皆様が少しでもPower Platformの知識を深め、現場の課題を解決することができれば幸甚です。

2024年10月

南 如信

CONTENTS

はじめに …… 3

Part 1　Power Appsの概要

Chapter 1-1　Microsoft Power Platform …………………………………………………… 14

▎ノーコード／ローコード開発できるPower Platform

▎Power Apps（アプリ作成）

▎Power Automate（自動化）

▎Copilot Sudio

▎Power BI

▎Power Pages（Webサイト作成）

▎その他の構成要素（Dataverse）

Chapter 1-2　Power Appsでできること ………………………………………………… 19

▎Power Appsでアプリ制作するメリット・デメリット

▎Power Appsでのアプリ開発のメリット

▎Power Appsでのアプリ開発のデメリット

TOPIC　複数人数での共同開発

Part 2 Power Appsのライセンスや概観

Chapter 2-1　Power Apps利用のライセンスについて ……… 22
- Power Apps利用に必要なライセンス
- 保持しているライセンスの確認

Chapter 2-2　Power Appsの画面やアプリ作成について ……… 25
- Power Appsのメイン画面
- アプリの作成
  - TOPIC　アプリの種類
  - TOPIC　画像からアプリを作成できる
- アプリ作成の前に

Chapter 2-3　Power Apps Studioについて ……… 32
- Power Apps Studioの画面
- 事前設定（モダンコントロールとモダンテーマの使用）

Chapter 2-4　Power Appsアプリ作成の流れ ……… 35
- ローコードでアプリを作る
- まずは作ってみよう
  - TOPIC　アプリの作成イメージ

Part 3 Power Apps アプリの基本

Chapter 3-1 コントロールとプロパティについて ……… 40

▌画面名の変更

▌コントロール（項目）の追加とプロパティ

▌コントロール／プロパティの参照

　TOPIC　Width・Height プロパティの動的調整

Chapter 3-2 関数・型について ……… 47

▌関数とは

▌関数をプロパティで利用する

▌型について

　TOPIC　型の確認

　TOPIC　型変換関数

Chapter 3-3 入力コントロール ……… 53

▌Power Apps のデータ入力の仕組み

▌テキストラベルコントロール

▌テキスト入力コントロール

▌日付の選択コントロール

▌ドロップダウンコントロール

▌コンボボックスコントロール

▌リストボックス

▌チェックボックス

▌ラジオ

▌切り替え

▌フォーム

　TOPIC　ギャラリーを見やすくする

Chapter 3-4 SharePoint Online ································· 86

▌ SharePoint Online リストをデータベースとして使う

▌ サイトを作成する

▌ SharePoint Online リスト（簡易データベース）を作る

TOPIC 内部名について

▌ リストの編集

▌ Power Apps 上フォームコントロールでの表示

▌ 列の削除

▌ 列の表示／非表示

TOPIC リスト画面項目の順番の変更

▌ サイトの設定

▌ 地域・時間設定

▌ リストの設定

TOPIC Power Automate を利用した権限変更

Part 4 Power Appsアプリの作成

Chapter 4-1 画面作成①─画面作成の基本と画面遷移 ··············· 118

▌ 画面を作成してみよう

▌ メイン画面作成

▌ 画面遷移

Chapter 4-2 入力チェック ································· 127

▌ 入力チェックについて

TOPIC テキストの書式設定

Chapter 4-3 変数について ································· 136

- 変数について
- 変数を利用した例

Chapter 4-4 画面作成②─フォーム ····················· 141

- フォームの概要
- 研修登録画面の項目
- フォーム作成
  - TOPIC 「列へのスナップ」を有効にすると設定情報がリセットされる
- 研修タイトルの文字数制限
- ステータスなどでドロップダウンに変更
- 研修カテゴリをコンボボックスに変更
- コンボボックスコントロールの考慮事項
  - TOPIC フォーム送信時の動作

Chapter 4-5 画面作成③─ギャラリー ················· 158

- アプリ画面に情報を表示できるギャラリーコントロール
- 条件に一致する情報のみ表示する
- LookUp関数とFilter関数について

Chapter 4-6 予約申請 ···························· 167

- 予約機能の流れ

Chapter 4-7 承認とテーブルの結合 ················· 178

- 申請内容の承認
- テーブルの結合
- 承認および却下機能の追加
- メイン画面からの画面遷移

Part 5 Power Automateと連携する

Chapter 5-1 Power Automateについて ……………………………… 186

- Power Automateについて
  - TOPIC　Power Automate Desktop
- Power Automateの基本的な要素
- Power Automateの画面構成
- フローを作成する
  - TOPIC　条件式でよく利用する演算子
- フローの保存とテスト
  - TOPIC　新しいデザイナー（モダンデザイナー）
- Power Automateの「承認」

Chapter 5-2 Power Automate承認 ……………………………… 206

- Power Automateを利用した承認
- 承認フローの作成
  - TOPIC　多段階承認も可能
- 承認フローの実行

Part 6 Copilotなどアプリ作成に役立つ機能

Chapter 6-1 Power Platform管理センター ……………………………… 220

- 管理と監視を行うための統合ツール
- Power Platform管理センターの画面構成

Chapter 6-2 Power Appsアプリ開発の欠点 223

▌ 複数ユーザーによる同時編集ができない

▌ デバッグが難しい

▌ 委任2,000件問題

Chapter 6-3 コンポーネント 224

▌ 自作のコントロールの組み合わせをテンプレート化

▌ コンポーネントの作成方法

▌ コンポーネントのインポート

▌ コンポーネントライブラリ

Chapter 6-4 アプリのエクスポート／インポートとソリューション機能 237

▌ アプリのインポート／エクスポート

▌ ソリューション

▌ ソリューションのインポート／エクスポート

▌ ソリューションインポート時の注意点

> TOPIC キャンバスアプリとモデル駆動型アプリ

Chapter 6-5 バーコードリーダー 247

▌ バーコードリーダーの概要

▌ バーコードリーダーの作成

▌ バーコードの読み取り

> TOPIC Excelでのバーコード作成

Chapter 6-6 バージョン管理 252

▌ アプリケーション開発の必須機能

▌ バージョンの確認、公開

▌ バージョンの復元、削除

> TOPIC 復元時の注意

Chapter 6-7 メッセージの表示 ··· 257

▌ Notify 関数でメッセージを表示する

▌ 簡易チェックを行う

▌ Notify 関数の特徴

　TOPIC 　通知をトリガーするタイミング

Chapter 6-8 委任 ··· 260

▌ 委任について

▌ 委任可能なデータソース

▌ 委任可能な関数

▌ 委任でデータ取得件数上限をクリアできる

▌ 委任の警告

Chapter 6-9 Copilot の利用 ·· 264

▌ 生成 AI 活用ツール

▌ アプリの自動作成

▌ アプリの編集

▌ 有償ライセンスで利用できる機能

INDEX ·· 270

Power Appsの概要

Power AppsはMicrosoft社が提供するプラットフォーム「Power Platform」上で動くアプリ作成ツールです。ここではPower Platformの概要と、Power Appsでできることなどについて説明します。

Chapter 1-1　Microsoft Power Platform
Chapter 1-2　Power Appsでできること

Microsoft Power Platform

Microsoft Power Platformはノーコード／ローコードでさまざまなサービス・ツールが開発できる製品群です。ここでは本書で解説するPower AppsやPower Automateを中心に、Power Platformの概要について解説します。

ノーコード／ローコード開発できるPower Platform

本書で解説するPower Appsは**Microsoft Power Platform**の一部です。
Microsoft Power Platformは5つのサービスの総称です。

❶ Power Apps（アプリ作成ツール）
❷ Power Automate（自動化ツール）
❸ Copilot Studio（ボット作成ツール）
❹ Power BI（データ分析・グラフ化ツール）
❺ Power Pages（Webサイト作成ツール）

　これら5つのサービスは**ノーコード**（プログラミング不要）あるいは**ローコード**（0から開発するよりも少ないコードで開発できる開発手法）で開発できます。
　5つのサービスとそれをつなげるデータ基盤を組み合わせることで、プログラミング経験がなくても簡単にアプリケーションを作成・利用できます。
　本来、コーディングのスキルがある開発者でなければ作成できなかったアプリ作成やRPAをローコードで作成できます。
　また、データサイエンティストでなければ構築が困難であった分析用基盤や、AI技術が必要であった対話型のチャットボットを、デザイナーで簡単に作成できます。
　Microsoft Power Platformを用いることで、コーディングを行うことなく誰でも簡単に作成できるのです。
　すべての人が開発者になれる思想を基に、企業にデジタル化をもたらすプラットフォームです。

Chapter 1-1　Microsoft Power Platform

●Power Platformのサービス

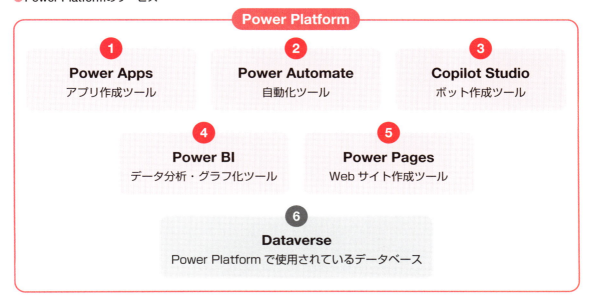

Power Apps（アプリ作成）

　本書で解説する**Microsoft Power Apps**は、ノーコード／ローコードでアプリ作成するためのプラットフォームです。

　Power Appsアプリは、Office 365のサービスはもちろん、Microsoft系のサービス以外にも接続可能です。

　Power Appsでは2種類のアプリを作成することができます。

　保存したいデータの項目から入力フォームや閲覧画面を自動で作成してくれる「**モデル駆動型アプリ**」と、ドラッグ＆ドロップでPower Pointのようにパーツを組み合わせることができる「**キャンバスアプリ**」です。

◆ Power Appsの特徴

- Web画面からドラッグ＆ドロップ操作でアプリを作れる
- ワンクリックでiOS、Android、WindowsとWebにすべて対応したアプリ作れる
- 作成したアプリを別のアプリに組み込んで再利用できる
- 別システムとの連携は事前に用意されたコネクタを使うことで簡単に行える。
  コネクタの用意がないシステムとの連携を行いたい場合もコネクタをカスタマイズ作成できる

15

本書では、キャンバスアプリを例にアプリ作成方法を解説します。

Power Appsは初心者でも直観的に簡単にアプリケーションを作成できます。

それだけでなく、熟練の開発者向けの高度なカスタマイズをすることもでき、幅広いアプリケーションの作成が可能です。

さらに、iOSやAndroid等のスマホアプリからの使用も可能なアプリケーション作成が可能です。

普段使用しているExcelやDynamics 365など、Microsoft製品からの連携がスムーズに行えます。Power Apps以外のPower Platform製品と併用することによりさらに高度なアプリケーションの作成も可能です。

Power AppsはPower Platformの中心となる存在であり、Power Appsを習得することが、高度なアプリケーションを簡単に作成する上で、とても重要となります。

Power Automate（自動化）

Microsoft Power Automateは、業務の自動化ツールです。ノーコード／ローコードで自動化できます。

Power Automateでは主に2種類のフローを作成することができます。

「**コネクタ**」という機能を用いて、様々なクラウドサービスやデータベースに対して接続するクラウドフローと、パソコン上の画面からアプリやブラウザの操作を自動化するデスクトップフローがあります。

◆ Power Automateの使用例

- 統合されたRPAワークフローにより、ビジネスプロセスを改善
- 期日切れの業務にリマインドアラームを送信
- システム間の業務データを定期的に移動
- フローを作成し、他のPower Platformの利用者へ共有
- Power Automate Desktop を使用して、
  Power Automateによる自動化をオンプレミスの業務とタスクへ拡張

本書Part5でPower Automateを用いたフローの自動化や、Power Automate承認についても解説します。

Copilot Studio

Microsoft Copilot Studioは、ローコードでチャットボットを簡単に作成できるサービスです。

会話を設定するだけでなく、Power Automateを用いることで、会話からアクションを実行したり、データを他システムから取得することも可能です。

Chapter 1-1 Microsoft Power Platform

◆ Copilot Studioの特徴

- プログラミングやAIの専門知識がなくてもチャットボットを作成可能であり、
  毎日使用する製品やサービスと簡単に統合
- チャットのやり取りを解析し、APIを呼び出すことも可能
- 数百もの事前構築済みコネクタを選択したり、Power Automateを使用して
  カスタム ワークフローを構築
- Microsoft Bot Frameworkで複雑なシナリオ作成することも可能
- AIとデータ主導型の洞察を得て、チャットボットのパフォーマンスを監視および改善

Copilot Studioは生成AIと連携することができるようになっています。文章の意味をAIが自動的に判断しながら後続の処理を自動選択していくことができます。

Power BI

Microsoft Power BIはローコードBIツールです。

BIツールとは、さまざまなデータを取り込んで分析し、グラフや表にまとめる（可視化する）ことでデータ分析や情報共有を容易にするツールです。

Power BIを用いれば、AIで自動的にデータを分析し、傾向分析や予測も行え、データサイエンティストのように深い分析が可能となります。

◆ Power BIの特徴

- 構築した形式を使用して、誰もがリアルタイムなダッシュボードと
  インタラクティブなレポートを作成可能
- Excel表を始め、様々なデータソースに接続
- レポートを作成し、組織がWebやモバイルデバイスで使用できるように公開
- セルフサービス分析を使用して組織の分析力と行動力を強化

Power Pages（Webサイト作成）

Power PagesはWebサイト作成ツールです。組織内向け・組織外向けにもローコードでWebサイトを構築できます。Webサイトそのものの構築だけではなく、ログイン機能やIPアドレスの制限等、用途によって自由に設定することも可能です。

◆ Power Pagesの特徴

- Power Appsの中にあった、Power Appsポータルという機能が独立
- セキュリティ設定も可能
- 豊富なテンプレートが用意され、グラフィカルなWebサイト構築が可能
- テンプレート以外のデザインを行いたい場合はコーディングをすることも可能

その他の構成要素（Dataverse）

DataverseはPower Platformで使用されているデータベースです。

Dataverseのデータは、1組のテーブル内に格納されます。テーブルは行（レコード）と列（フィールド／属性）のセットで管理されており、標準的なPower Appsでのアプリケーション作成に対応しています。また、Power Queryを使用して複雑なデータの取得条件を手軽に作ることもできます。

このように、Power Platformは様々なコンポーネントにより構成されています。本書では、もっとも重要なアプリケーション構築にすぐに役立つPower Appsを中心に解説していきます。

● Power Platformの概要

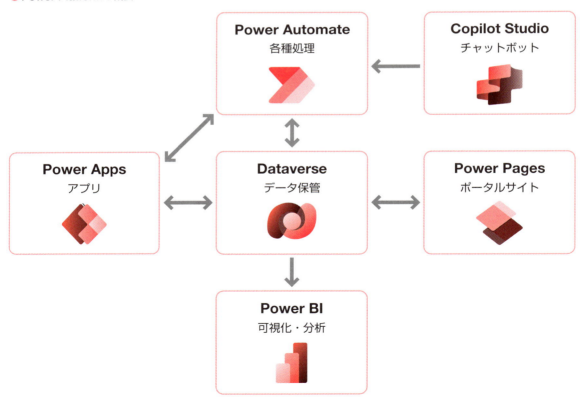

Power Appsでできること

Power AppsはPower Platformサービスで提供されるアプリ作成ツールです。ローコード／ノーコードでビジネスアプリが作成できることが特徴です。ここでは、Power Appsの特徴や苦手なことなどについて解説します。

Power Appsでアプリ制作するメリット・デメリット

本書はPower Platformのなかでも**Power Apps**を使ったビジネスアプリ開発について解説します。

Power Appsでのアプリ開発は一般的なアプリ開発と異なり、**ノーコード／ローコード**で開発できるメリットがあります。

● Power Appsアプリ開発と一般的なアプリ開発の違い

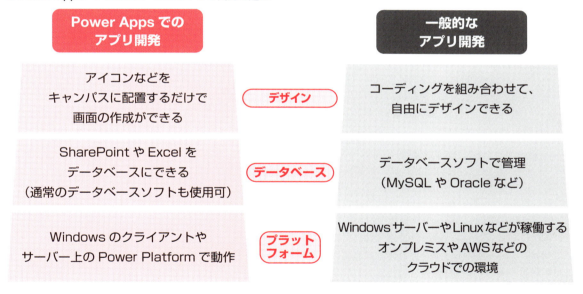

Power Appsでのアプリ開発のメリット・デメリットは次のとおりです。

Power Appsでのアプリ開発のメリット

Power Appsはノーコード／ローコードでアプリ開発ができます。

アプリ開発にはプログラミングが必要なのが一般的ですが、プログラムコードを記述することなく、必要な要素（コントロール）を画面（キャンバス）に挿入していくだけで、Power Appsアプリを作成できます。

プログラミングが不要なので、アプリ作成に学習コストが低いのがPower Appsの特徴の1つです。

SharePointやExcelファイルをデータベースとして利用できるため、既存のデータを使用しやすく初心者にもハードルが低い特徴があります。

Microsoft 365ユーザーをベースにPower Appsアプリの利用範囲の管理ができるので、初心者でもセキュリティの高いアプリ開発ができます。

Power Appsでのアプリ開発のデメリット

一方で、Power Appsアプリは一般公開することを前提にしていません。組織内や、一部権限を付与した社外メンバーまでが利用範囲と考えてください。

Power Appsアプリはデザイン上の自由度は高くありません。既存のパーツをベースに多少の設定は可能ですが、独自デザインのパーツを用いたデザイン性の高いアプリを作るのには向いていません。

また、あまり複雑なアプリ開発にも向きません。

TOPIC

複数人数での共同開発

Chapter 6-2でも触れていますが、これまでのPower Appsの弱点の1つとして、複数人での共同開発ができないことがありました。同時に複数のユーザーがアプリ編集を行うことができず、時間をずらして作業するといった配慮が必要でした。

記事執筆時点、プレビュー機能ですが、複数人による同時編集が可能な「**コオーサリング**」機能が実装されています。今後は機能や画面ごとに作業を分担して開発を進めることが可能になりそうです。

コオーサリングについて詳細は次のページも参考にしてください。

https://learn.microsoft.com/ja-jp/power-apps/maker/canvas-apps/copresence-power-apps-studio#coauthoring-preview

Power Appsの
ライセンスや概観

Power Appsでアプリ開発を行ったり、Power Appsで作ったアプリを利用するために必要なライセンス、Power Appsの概観、アプリ開発に利用するPower Apps Studioの概観などについて解説します。

Chapter 2-1	Power Apps利用のライセンスについて
Chapter 2-2	Power Appsの画面やアプリ作成について
Chapter 2-3	Power Apps Studioについて
Chapter 2-4	Power Appsアプリ作成の流れ

Chapter 2-1

Power Apps利用の
ライセンスについて

Power Appsでアプリ開発を始める前に、必要なライセンスについて理解しましょう。Power Apps利用にはサブスクリプトのライセンスが必要です。企業向けライセンスなどPower Apps利用権があらかじめ含まれているものもあります。

Power Apps利用に必要なライセンス

Power Appsに限らず、Power Platformの利用に際しては**ライセンス**が必要になります。

Microsoft 365 Business Standard や **Office 365 E3**、**Microsoft 365 E3** などの一般法人および大企業向けといった**企業向けライセンス**にはPower Appsの利用権が含まれるため、別途購入する必要はありません。

ただし、より高度なアプリケーションや自動化を行いたい場合は**Power Apps Premium**などの**個別購入ライセンス**を購入する必要があります。

本書では、個別購入ライセンスを用いた開発例などを一部紹介しますが、基本として通常のライセンス範囲内での活用をターゲットとしています。

また、Power Appsには利用する範囲によって必要となるライセンスを細かく指定することができます。次の表を参照しながら必要なライセンスを用意しましょう。

●Power Platform利用に必要なライセンス

サービス	アプリ名	ライセンス
Power Apps	Power Apps for Office 365	企業向けライセンスに含まれます。 本書でのメインターゲットです。
	Power Apps Premium	個別購入が必要です。
Power Automate	Power Automate for Office 365	企業向けライセンスに含まれます。
	Power Automate Premium	個別購入が必要です。
Power BI	Power BI Free	無償です。 アカウントを保持していたら利用できます。
	Power BI Pro ／ Power BI Premium	個別購入が必要です。 Power BI Proは企業向けライセンスであるOffice 365 E5、Microsoft365 E5に含まれます。

◆ **外部サービスに接続するアプリを作る場合は個別購入が必要**

個別購入のライセンスを用いれば、Microsoft 365クラウドサービスの範囲外のサービスに接続できます。Power AppsやPower Automateの場合、Azureサービスとの接続やSQL Serverとの接続など、より高

度なアプリケーションを開発できます。

　逆に言うと、個別購入のライセンスがない場合は、Microsoft 365クラウドサービスの範囲内でのみの活用として限定されることになります。

　メールサービスであるOutlookやファイル共有ができるSharePointは、Microsoft 365クラウドサービス範囲内なので、外部接続できなくて困るという場面は通常利用ではほとんどないでしょう。

◆ Power BI Freeは他者とコンテンツを共有できない

　Power BIの場合は、**Power BI Free**（無償ライセンス）と**Power BI Pro ／ Power BI Premium**（個別購入ライセンス）の違いは「作成物を他者と共有できるか」が主になります。

　Power BI Freeの場合は、グラフ作成は可能ですが作成したグラフを自身以外の他者に公開、共有するといったことができません。

　Power Appsアプリケーションは個人利用ではなくチームや組織にまたがって利用するので、例えばPower BIのグラフを埋め込んだPower Appsアプリをチームに共有しても、Power BIのグラフは表示されない（エラーになってしまう）ということが発生します。

　ライセンスの違いによりできることできないことが出てくる点は意識しておきましょう。

●**Pawer Appsの料金の例**

	Microsoft 365	サブスクリプション（アプリごとプラン）	サブスクリプション（ユーザーごとプラン）	従量課金制プラン
料金	―	月額625円	月額2,500円	月額1,250円
ライセンス	Microsoft 365に付属	1ユーザー1アプリの値段	1ユーザーすべてのアプリの値段	1ユーザー1アプリの値段
カスタムアプリの構築と実行	一部のみ無制限	1	無制限	1
データベースへの接続	△（一部機能）	○	○	○
データの保存と管理	×	○	○	○
ワークフローの実行	○（Power Automate for Microsoft 365）	○	○	○
Microsoft Dataverseの使用	×	○	○	○

　表の価格は例示にすぎません。組織の価格設定はMicrosoftとの契約によって異なります。サブスクはユーザを指定してライセンスを付与した分を請求、従量課金はアプリとユーザーを指定せずに使用した数分だけ請求です。

保持しているライセンスの確認

　Power Apps利用可能なライセンスを持っていたとしても、Power Apps 利用権はシステム管理者が利用を許可していない可能性があります。

　その場合は、組織のシステム管理者に利用権を付与してもらいましょう。

◆ **ライセンスの確認**

　ここでは、自身が保持しているライセンスの確認方法を紹介します。

　Microsoft 365にサインインし、右上の「アカウントを表示」を選択します。

● **Microsoft 365にサインインして「アカウントを表示」を選択**

　「マイアカウント」画面が表示されます。左カラムの「サブスクリプション」を選択すると、自身のアカウントのライセンスと利用可能なアプリケーションが表示されます。

● **「マイアカウント」の「サブスクリプション」でライセンスを確認できる**

Power Appsの画面や
アプリ作成について

Power Appsアプリ開発に入る前に、Power Appsの概要について解説します。Power Appsのメイン画面、アプリ作成画面への入り方、Power Appsで作成できるアプリの概要などについて説明します。

Power Appsのメイン画面

Power Appsの**メイン画面**は次の図のような構成です。

●Power Appsメイン画面

　自身が作成したアプリや自身がアクセスできるアプリへのリンク、Microsoft公式の学習コンテンツ（Microsoft Learn）へのリンクなどが配置されています。
　その他、左側のサイドバーから「**テーブル**」や「**フロー**」といった点についても自身がアクセスできるコンテンツへのリンクが表示されます。

◆「環境」の選択

Power Appsメイン画面の右上に「**環境**」(図ではデフォルトの「MSFT」)欄があります。選択すると、「**環境を選択**」画面が表示されます。

● 「環境を選択」画面

「環境を選択」画面は、作成したアプリが保存されるフォルダのイメージです。

個別購入ライセンスがない場合は、既定で作成される組織全体の環境のみで、新規に「環境」を作成することはできません。

個別の「環境」がある場合、管理や権限付与のガバナンスがとりやすいメリットがあります。ただし、既定の環境でも問題なくアプリを作ることができます。

アプリの作成

メイン画面のサイドバーから「**作成**」を選ぶと、「アプリを作成する」画面が表示されます。ここからアプリを作成できます。

Power AppsではSharePointやExcelからアプリを作成することが可能です。あらかじめ、項目やデータを保持した状態である程度アプリを自動生成してくれます。なお、次図の「SQL」を利用する場合は個別購入ライセンスが必要です。

◆ テンプレートから選択してアプリを作成する

「**空のアプリ**」を選択して、アプリを作成してみましょう。

Chapter 2-2 Power Appsの画面やアプリ作成について

● 「アプリを作成する」画面でPower Appsアプリを作成できる

今回は「空のアプリ」で作成しますが、Microsoftがあらかじめ用意した**テンプレート**から作成することもできます。上の「アプリを作成する」画面を下にスクロールするとテンプレートが表示されます。

● Power Appsアプリのテンプレート

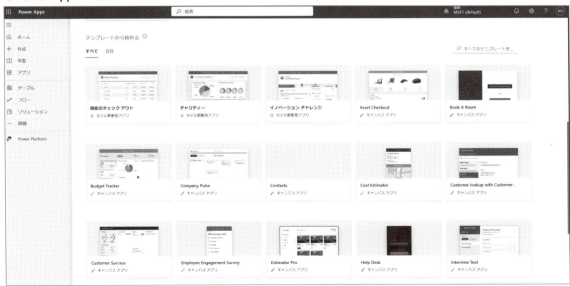

「空のアプリ」を選択すると、次ページのような「作成」ダイアログが表示されます。「空のキャンバスアプリ」の「作成」をクリックします。

● 「作成」ダイアログ

「**空のキャンバスアプリ**」の「作成」ボタンをクリックすると、「キャンバスアプリを一から作成」ダイアログが表示されます。「アプリ名」に任意の名称を入力して開発に進みましょう。

「形式」は作成するアプリの使用環境を想定して選択します。作成したアプリをパソコン上で利用する場合は「タブレット」を、モバイルデバイスから利用する場合は「電話」を選びます。なお、アプリの既定画面サイズが変わるだけで、後からも変更可能です。

● アプリ名と形式を選択

Chapter 2-2　Power Appsの画面やアプリ作成について

TOPIC アプリの種類

Power Appsのアプリ作成画面では、「空のキャンバスアプリ」（キャンバスアプリ）、「Dataverseベースの空のアプリ」（モデル駆動型アプリ）、「Power PagesのWebサイト」（Power Pages）などいくつかアプリの種類があります。社内業務のアプリ化を目的とする場合は基本的に「キャンバスアプリ」を選択します。

● Power Appsのアプリの種類

種類		特徴
空のキャンバスアプリ	キャンバスアプリ	画面を主体として作成する種類です。画面開発やロジックの自由度が高いです。
Dataverseベースの空のアプリ	モデル駆動型アプリ	データを主体として作成する種類です。個別購入のライセンスが必要な場合があり、また、画面の開発自由度も低いです。
Power PagesのWebサイト	Power Pages	Power Platformの一部である、Power Pagesを作成することができます。組織外に公開できるWebサイトをPower Appsベースで作成できる種類です。個別に料金が発生します。

TOPIC 画像からアプリを作成できる

「アプリを作成する」画面で「画像」を選択すると、手描きの絵や、参考にしたい他システムの画面のスクリーンショットなどを用意して、アプリに含めたい項目や見た目の画像を使ってPower Appsアプリを作成できます。Power Appsで文字などを認識し、あらかじめ項目が追加された状態のアプリを作成することができます。

● 用意した画像をもとにPower Appsアプリを作成

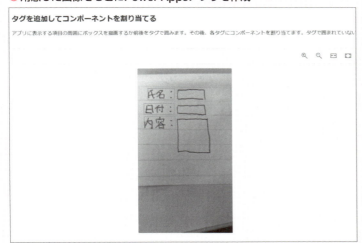

アプリ作成の前に

Power Appsアプリの作成の前に、作成するアプリの概観を整理しましょう。次の表に、本書で作成するアプリの概観をまとめました。

このアプリでは業務の問題の解決や効率化を目的とします。アプリの作成前に業務の問題点を整理することで、効果的なアプリの作成につながるため、読者の皆様にもおすすめします。

なお、本書ではPower Appsアプリ開発の説明のため、本業務に限らず様々なPower Appsの機能やTipsを紹介していきます。

● 本書で作成するPower Appsアプリの概観

項目	内容
業務名	社内研修登録・予約・受付業務
開発者	社内研修を開催、運営する部門、チーム
アプリの利用者	全社
業務概要	1. 社内向けに開催する研修を登録 2. 必須受講者や任意受講者に対して研修要綱を連絡 3. 受講者は自身の上長に承認を得る 4. 承認を得た受講者は研修への受講予約を行う 5. 予約を受付し受講者に案内を発信する
問題点①	Excelで管理しており、ファイルの紛失や誤更新などが発生
問題点②	受講者への連絡の際、手動で宛先を設定している
問題点③	上長承認は受講者-上長間のみで行われており、実態が把握できない
問題点④	Excelを更新することで受講予約になるが、いつ受講予約したのかを検知できない。満席になった場合など統制が取れない
問題点⑤	受講者が誤った内容で予約することがある
問題点⑥	満席になった場合での予約不可ができていない キャンセル時に空きが出たことの把握や周知が遅れてしまう
問題点⑦	研修の予約状況などを俯瞰して確認できない

◆ 選択肢はPower Appsアプリだけではない

アプリ開発をするといっても、選択肢はPower Appsアプリだけではありません。

業務や目的によってはExcelのほうが適切な場合もありますし、何といってもPower Appsはアプリケーション開発に近いので作成のハードルや管理の手間が生じます。

解決したい問題点や目指したい業務の姿を整理できたら、今一度、どのMicrosoft365サービスを活用する

かを検討してみましょう。

　次の表はサービスごとのアプリとして利用する場合の特長を簡潔にまとめたものです。各サービスを組み合わせることにより、より高度なアプリが作成できます。

● Microsoftサービスと各アプリの特徴

サービス	アプリ利用時の特徴
Excel	● アクセス権がファイル単位なので、行（データ）ごとの権限設定ができない ● 単独で利用する場合、関数やマクロ、Officeスクリプトを活用できる
SharePointリスト	● アクセス権をデータ（アイテム）単位に指定できる ● Power AutomateやPower Appsとのデータソースとしての親和性が高い ● 複数のSharePointリストを結合して利用することや、計算処理、動的な項目の活性化、必須化などが苦手
Power Automate	● 単独では画面を持てないので、SharePointリストやPower Appsとの連携がアプリとしての前提 ● 「SharePointリストにデータが追加されたら」などの条件で起動が行えるなど、自動化が得意
Power Apps	● データを保持するためにExcelやSharePointリストとの連携が必須 ● 複数のデータソースを単一画面で扱うことができる ● ローコードでの画面配置の中では自由度は非常に高いので、データや入力値に応じた項目の制御や分岐が可能

　例えば、SharePointリストをユーザー操作画面として利用する場合、「SharePointリストにユーザーが新規データ（アイテム）を追加したら、Power Automateを起動する」といったことが可能です。画面UIにこだわりがなくシンプルな構成で業務ができるのであれば、Power Appsアプリにする必要はありません。

　データソースが複数あるが結合が必要であったり、ステータスが「新規」の場合に入力できる項目は制限したいといった、ある程度複雑な処理が想定される場合や、問題点が多岐にわたる場合にはPower Appsを採用することで実現できるようになります。

　こだわりややりたいことは挙げてしまうときりがありませんが、要件を整理して採用するサービスを決定するようにしましょう。

Chapter 2-3 Power Apps Studioについて

Power Appsアプリ作成はPower Apps Studioで行います。ここではPower Apps Studioの概要について解説します。

Power Apps Studioの画面

Power Appsを作成すると、Power Apps作成画面である「**Power Apps Studio**」が開きます。

● Power Apps Studio画面

● Power Apps Studio画面の説明

No.	名称	概要
❶	コマンドバー	項目の挿入などの機能が配置されています。選択しているオブジェクトによって動的に配置機能が変更されます。
❷	アプリアクション	アプリの保存、公開などの機能が配置されています。
❸	プロパティリスト	現在選択しているオブジェクトのプロパティを選択できます。
❹	数式バー	選択しているオブジェクトのプロパティの値や関数を設定できます。
❺	オーサリングメニュー	項目の挿入や変数の確認などの機能が配置されています。

No.	名称	概要
❻	作成オプション	挿入した画面や項目の一覧が配置されています。
❼	キャンバス／スクリーン	現在選択している画面の編集領域です。
❽	プロパティペイン	現在選択している項目のプロパティ、設定値が表示、編集できます。
❾	スクリーンセレクター	表示、編集するスクリーンを選択、縮小拡大ができます。
❿	設定	アプリ全体の設定画面に遷移します。

Chapter 2-3　Power Apps Studioについて

事前設定（モダンコントロールとモダンテーマの使用）

必須ではありませんが、Power Appsの機能をより活用するための事前設定を紹介します。

この設定を行っておくことで、今後主流となる**モダンコントロール**を利用できるようになります。

まずは、これから開発するPower Appsアプリでモダンコントロールと**モダンテーマ**を使えるようにします。

左側サイドバーの「設定」（＋）をクリックし、「全般」の「モダンコントロールとモダンテーマ」を「オン」にします。

● モダンコントロールとモダンテーマを有効にする

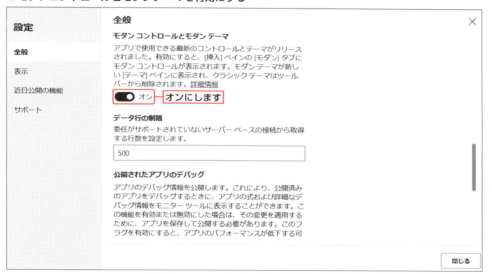

「**コントロール**」は、簡単に言うとアプリのUI（ユーザーインタフェース）部品、ウィジェットです。例えばテキストボックスなどのアプリに追加する項目などを指します。コマンドバーの「挿入」から、アプリ画面に追加するコントロールを選択できます。コントロールには文字の大きさなどのプロパティ（属性・設定）が付属します。

コントロールの種類

コントロールには「**クラシックコントロール**」と「**モダンコントロール**」があります。

● 「日付の選択」クラシックコントロール

● 「日付の選択」モダンコントロール

　初期設定はクラシックコントロールになっていて、モダンコントロールはユーザー自身で有効化しないと利用できません。モダンコントロールは、新機能やクラシックコントロールに比べ操作性の改善が施されているものもあるので、活用していきましょう。

　Power Apps 経験があってクラシックコントロールに慣れ親しんでいる人以外は、これから主流となっていくモダンコントロールで開発を進めましょう。

● モダンコントロールが選択できる

Power Appsアプリ作成の流れ

Power Appsはノーコード／ローコードでビジネスアプリを素早く作成できます。ここでは、Power Appsアプリ作成の流れを解説します。

ローコードでアプリを作る

　Microsoft Power Appsでアプリを作成する流れは、コードをあまり書かずに、ビジネスアプリを素早く構築できるのが特徴です。基本的な作成の手順は次のとおりです。

❶ アプリの種類選択
❷ データソース接続
❸ UI（ユーザーインタフェース）デザイン
❹ ロジック設定
❺ テスト・プレビュー
❻ アプリの共有と公開
❼ デバイスでの利用

アプリの種類を選択

Power Appsでは主に3つのアプリの種類があります。

- キャンバスアプリ　　　自由なレイアウトのデザインが可能で、かつデータソースに接続できます
- モデル駆動型アプリ　　データモデルに基づいた自動的なアプリ作成ができます
- Power Pages　　　　　外部ユーザー向けにウェブベースのアプリを作成します

本書ではキャンバスアプリを例に解説します。
「**キャンバスアプリ**」はMicrosoft 365ライセンスで使用することができ、「**モデル駆動型アプリ**」や「**Power Pages**」はプレミアムライセンスまたはPower Pagesのライセンスが必要となります。

データソースの接続

アプリが使用するデータソースを設定します。

Power Appsは多様なデータソースに接続可能です。特にSharePoint、OneDrive、Excel、SQL Serverなどの Microsoft 製品との連携がスムーズです。

本書では **SharePoint Online** をデータソースに使用します。

UI（ユーザーインタフェース）のデザイン

キャンバスアプリでは、ドラッグ＆ドロップで画面を構成できます。

テキストボックス、ボタン、ギャラリー、フォームなどのコントロールをキャンバスに追加して、配置を整えます。

各コントロールにはプロパティがあり、これらを編集して外観や動作をカスタマイズします。

ロジックの設定

Power Appsでは、Excelの数式に似た関数を使ってアプリの動作を制御します。

例えば、ボタンをクリックしたときにデータを送信するアクションや、フォームに入力された値に基づいて表示内容を変える動作を設定します。

「OnSelect」や「Visible」などのプロパティを使って、アクションを追加します。

テストとプレビュー

作成したアプリは、実際に動作を確認するためにプレビューできます。

Power Apps Stduioの「ファイル」メニューから「アプリのプレビュー」を選択してアプリの挙動を確認します。

修正が必要な箇所があれば、UIやロジックを調整します。

アプリの共有と公開

アプリが完成したら、必要に応じて他のユーザーと共有したり、公開することができます。

Power Apps Stduioの「ファイル」メニューから「アプリを保存」または「アプリを公開」選択し、アプリをクラウド上に保存します。

組織内の他のユーザーに権限を与え、共同で使えるようにします。

デバイスでの利用

作成したPower Appsアプリは、パソコンやタブレット、スマートフォンなどのさまざまなデバイスで使用できます。Power Appsのモバイルアプリを使って、どこからでもアクセス可能です。

まずは作ってみよう

　わかりやすくPower Appsアプリ作成の流れを説明するために各工程を別々に説明しましたが、本書でPower Appsアプリを作成していく際は「データソースの接続」「UIデザイン」「ロジックの設定」は同時に行います。コントロールを配置（UIデザイン）しながら、各コントロールのロジックの設定を行います。

●本書でのPower Appsアプリ作成の流れ

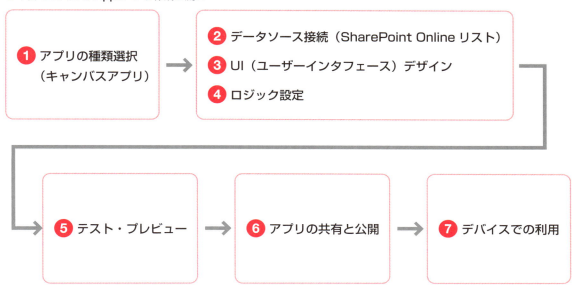

　アプリ作成の経験がないと、どのようなアプリを作ればいいかや、アプリの作り方自体がわからないと思います。また、Power Appsで作れるアプリと作れないアプリなどは、実際にPower Appsに触れてみないとわからないことも多いはずです。

　まずは本書の作例どおりにPower Appsアプリを作成してみて、Power Appsでできること、できないことなどを実感しましょう。

TOPIC　アプリの作成イメージ

初めてPower Appsを利用する際は、いきなりゼロからアプリを作成するのは難しく、具体的なイメージが湧きにくいかもしれません。
そのような場合は**アプリテンプレート**を利用してみるとよいでしょう。
テンプレートを選んで作成することで、必要な要素がすべて含まれたアプリがすぐに操作できる状態で生成されます。
テンプレートアプリを用いることで、完成イメージだけでなく細かいレイアウトや内部処理についても理解を深めることができます。
テンプレートアプリを活用することで、Power Appsの具体的なイメージを掴みやすくなるとともに、自分でアプリを作成する際の参考にもなります。まずはテンプレートから試してみることで、Power Appsの基本的な構造や機能を学び、のちのアプリ作成に役立てることができます。

●家計簿（支出管理）アプリのテンプレート

 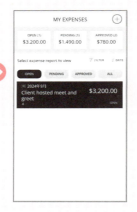

●顧客管理アプリのテンプレート

Power Appsアプリの基本

Power Appsで開発を行うためには、アプリの基本的な概念を構造的に理解する必要があります。本章ではPower Appsの基本的な構成や操作について解説します。

Chapter 3-1	コントロールとプロパティについて
Chapter 3-2	関数・型について
Chapter 3-3	入力コントロール
Chapter 3-4	SharePoint Online

Chapter 3-1 コントロールとプロパティについて

Power Appsのコントロールとプロパティについて解説します。Part1で解説しましたが、コントロールはアプリのUIの部品です。プロパティはその部品の位置や表示、文字サイズや色などの詳細を設定するものです。

画面名の変更

　Power Apps Studioで、Power Appsアプリの「画面」名を変更してみましょう。
　自動で設定される初期値は「Screen1」となっていて、新規で画面を作成するたびに「Screen2」「Screen3」で画面が払い出されます。実際にアプリを作成する前に基本的な操作を確認しましょう。
　画面名の変更は、Power Apps Studioの画面右側「**プロパティ**」ペインで行います。図では「mainmenu」としました。
　画面名はアプリ全体で一意なので、他と重複しない名称である必要があります。

● 「画面」名の変更

コントロール（項目）の追加とプロパティ

◆ コントロールの追加

　Power Apps Studio画面上部のコマンドバーや画面左側のオーサリングメニューから、項目の追加（挿入）ができます。

　左サイドバーの＋（挿入）をクリックし、「テキストラベル」コントロールを選択すると、画面にテキストが追加されます。

　なお、項目名も画面名と同様にアプリ全体で一意なので、他と重複しない名称である必要があります。

● 項目の追加

　次の表に、Power Appsで利用できる**クラシックコントロール**と**モダンコントロール**の主な**コントロール**をまとめました。なお、クラシックコントロールとモダンコントロールで機能は同じでも名称が異なるものや、一方にあってもう一方にないコントロールもあります。

●主なコントロールとその特徴

主なコントロール	特徴
テキストラベル	表示用のテキストです。
テキスト入力	入力用のテキストです。
日付の選択	カレンダー形式で日付の入力ができます。
ドロップダウン	選択肢をスクロールで選択します。単一選択のみです。
チェックボックス	値をチェックボックス形式で選択します。
コンボボックス	選択肢をスクロールで選択します。複数選択可能です。
ラジオ	選択肢をラジオボタン形式で選択します。
ギャラリー	SharePointリストやExcelなどのデータソースと接続して、データを一覧表示します。
フォーム	SharePointリストやExcelなどのデータソースと接続して、単一レコードデータを表示します。
ボタン	クリックで指定した処理を実行します。

◆ プロパティの変更

　作成中のPower Appsアプリに挿入したコントロールの**プロパティ**を変更できます。プロパティはコントロールの見た目と動作を定義するものです。

　ここでは前ページで挿入したテキストラベルコントロールのプロパティを変更してみます。

　「プロパティ」ペインの「Text」プロパティで、画面に表示する値（下図では「テスト入力」という文字）を変更できます。値を直接入力する際、値をダブルクォーテーション（"）でくくるのを忘れないようにしましょう。

　Textプロパティ以外に、fontプロパティで使用するフォントを変更できます。

●Textプロパティの変更　　　●fontプロパティの変更

　プロパティの種類はコントロールごとに異なります。プロパティの種類は多いですが、すべてのプロパティを変更する必要はありません。コントロールの用途に応じて、プロパティを修正しましょう。頻繁に変更するプロパティだけ意識できれば問題ありません。

Chapter 3-1 コントロールとプロパティについて

コントロールの位置は、画面上でドラッグ＆ドロップで移動できます。コマンドバーではコントロールに応じて一部プロパティを変更可能です。

よく利用するプロパティは次の表のとおりです。プロパティはコントロールのみではなく、アプリ全体や画面に対しても存在します。

一部コントロールにはないプロパティもあるので注意してください。

● よく利用するプロパティ一覧

対象	プロパティ	内容
アプリ	OnStart	アプリの起動時のみ実行されます。 **例** アプリ起動時にデータを読み込む……など
	StartScreen	アプリの初期画面を指定します。
	Formulas	アプリ全体で利用できる計算式を定義します。
画面	OnHidden	画面が表示されなくなる時のみ実行されます。 **例** 他の画面へ遷移時に未保存データを削除……など
	OnVisible	画面が表示されるときのみ実行されます。 **例** 画面表示でデータを読み込む……など
コントロール	OnSelect	ボタンなどをクリックした場合にのみ実行されます。 **例** ボタンクリックで画面遷移する……など
	OnChange	テキストなどの値を入力、変更した場合にのみ実行されます。 **例** 数字を入力した際に計算を実施……など
	Height	コントロールの高さを数字で指定します。
	Width	コントロールの幅を数字で指定します。
	X	コントロールの横軸（X軸）の場所を数字で指定します。
	Y	コントロールの縦軸（Y軸）の場所を数字で指定します。
	DisplayMode	コントロールの操作や変更可否を指定します。 一定の条件下において値の変更を不可にするなど
	Visible	コントロールの表示／非表示を指定します。 一定の条件下においてコントロールを非表示にするなど
	Default	初期値の値を指定します。 選択肢コントロールの場合などでDefaultSelectedItemsプロパティとなることがあります。
	Items	選択肢コントロールの選択肢値を指定します。
	SelectedItems	選択肢中、実際に選択した値です。 ドロップダウンの場合はSelectedTextなどコントロールに応じてバリエーションがあります。
	Value	テキストなどで入力した値を参照します。

Part **3**

Power Appsアプリの基本

43

コントロール／プロパティの参照

コントロールから、他のコントロールのプロパティの値を参照できます。

ここでは「TextInput_demo1」と「TextInput_demo2」プロパティに入力した内容を結合して、「Label_demo」プロパティに表示させてみます。

Label_demoのTextプロパティに、参照したい項目の名称とプロパティ値を入力します。名称を一部入れると、利用できる値の候補がプルダウン表示されます。

「TextInput_demo1.Text」と「TextInput_demo2.Text」を、Label_demoのTextプロパティに設定します。

なお、次の図のコントロールでは が表示されていますが、これはエラーを表しています。入力した値が無効であったりエラー値であったりすると、エラーとしてPower Appsが教えてくれます。

● **TextInput_demo1とTextInput_demo2プロパティに入力した内容を結合してLabel_demoプロパティに表示**

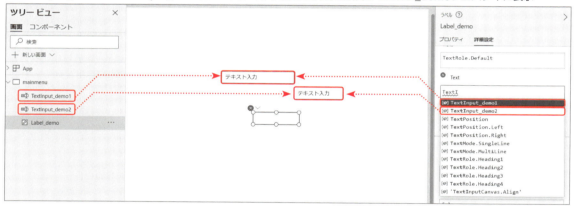

Label_demoのTextプロパティは、プロパティペインでなく画面上部の数式バーから編集できます。

TextInput_demo1.Text & TextInput_demo2.Text を Label_demo の Text プロパティに設定します。プロパティペインだけではなく、画面上部の数式バーからも編集できます。

● **数式バーからプロパティを編集**

動作確認

設定したら動作を確認しましょう。

画面右上のアプリアクション欄からアプリのプレビュー（▷）をクリックすると、アプリを利用モードで

開くことができるので、動作をすぐに確認できます。

● アプリのプレビューで動作を確認する

入力した内容がLabel_demoに反映されています。

基本的にほぼすべてのプロパティを参照可能です。

画面右上の×をクリックすると、Power App Studio画面に戻ります。

● アプリのプレビュー

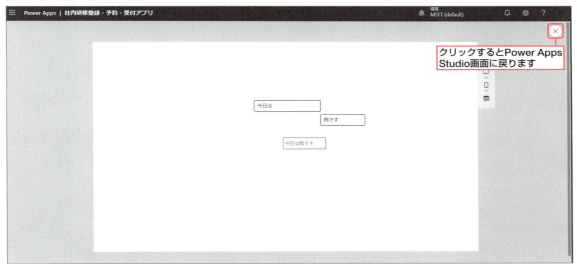

大きさと位置を合わせる

　上の例では、テキスト入力コントロール2つとテキストラベルコントロールの大きさと位置がバラバラです。これを合わせてみましょう。ここでは、TextInput1_demoの大きさと位置を基準とします。

　「Width」プロパティはコントロールの幅を定めるプロパティです。

　「X」プロパティはコントロールの横位置を定めるプロパティです。

　3つのコントロールの「Width」プロパティを「TextInput_demo1.Width」（TextInput_demo1の横幅）に、「X」プロパティを「TextInput_demo1.X」（TextInput_demo1の横位置）にすると、幅と横位置が同じになります。

● 「Width」プロパティと「X」プロパティで横幅・位置を設定する

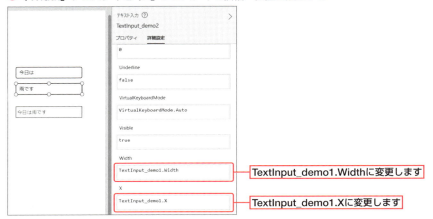

　この例では、特定のコントロールのプロパティ値を参照しています。そのため、参照先のプロパティ値が変更されたら動的に反映されます。
　TextInput_demo1の幅を変更したとき、位置を変更したときも追従してくれるので、あらかじめ設定しておくと、他のコントロールのプロパティ値を再度変更することがなくなるので、手間も少なくなります。

> **TOPIC**
>
> ### Width・Heightプロパティの動的調整
>
> **Width**と**Height**プロパティを使って、画面サイズに応じてコントロールの幅や高さを動的に変更できます。たとえば、画面（Screen1）を基準にフォームの幅や高さを調整するには、フォームのWidth、Heightプロパティをそれぞれ次のように設定します。
>
> ```
> Screen1.Width * 0.8
>
> Screen1.Height * 0.8
> ```
>
> これにより、Screen1の幅と高さの80％にフォームの幅と高さが自動的に設定されます。
> また、親コントロールのサイズに合わせて子コントロールのサイズを調整したい場合は、次のように設定します。
>
> ```
> Parent.Width * 0.2
> ```
>
> Parentを使うことで、親コントロールのプロパティを利用した動的な設定が可能です。

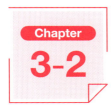

関数・型について

Power Appsで利用できる関数と変数について解説します。プログラミング経験がない人にはなじみが薄い言葉ですが、アプリ作成において便利な機能・仕組みですので、概要と使い方を学びましょう。

関数とは

関数は、値の演算や処理のために使用する、Power Appsが備えている機能です。一定の処理をまとめたプログラムと考えればいいかもしれません。

プログラミング経験がないと「関数」と言われてもピンとこないかもしれませんが、本書でアプリを作っていく中で個別に説明をしていきますので安心してください。

Power Appsでアプリを作成するうえで、よく使用する関数を表にまとめました。

●Power Appsアプリでよく利用する関数

関数	用途
AddColumns	テーブルに列を追加します。
And	条件を指定するときに「かつ」の複数条件にします。
App	実行中のアプリの情報を取得します。
Back	前の画面に戻ります。
Blank	空白値として利用します。
Collect	コレクションにデータを追加します。
Clear	コレクションから全データを削除します。
ClearCollect	コレクションから全データを削除の上、コレクションを作成します。
Concat	テーブルのデータを結合します。
Concatenate	複数文字列を結合します。
DateAdd	日付データを加工できます。
Distinct	重複しているデータを削除します。
EditForm	フォームコントロールを編集します。
Exit	アプリを終了します。
Filter	フィルター条件に一致したテーブルデータを取得します。
ForAll	テーブルのすべてのデータに対して同処理を実行します。
If	指定した条件で真偽判定を、判定に応じた値を取得します。
Index	テーブルから指定した番号のデータを取得します。
IsBlank	Blank値の有無を判定します。
Launch	指定のWebページを開きます。
Lookup	条件に基づいてテーブルからデータを1件取得します。

関数	用途
Navigate	画面遷移で使用します。
Or	条件を指定するときに「または」の複数条件にします。
Param	URLパラメーターを取得します。
Patch	データソースのデータを作成、変更します。
Refresh	データソースのデータを更新します。
Reset	入力内容を破棄します。
ResetForm	フォームコントロールをリセットします。
Self	現在のコントロール（自分自身）を指定します。
Set	グローバル変数を定義します。
SortByColumns	テーブルデータを指定の列でソートしたものを取得します。
Substitute	文字列の一部を変換します。
SubmitForm	フォームコントロールの入力内容を保存します。
Text	数値や日付を文字列型に変換します。
ThisItem	ギャラリーで選択しているデータ、フォームで表示しているデータを取得します。
UpdateContext	コンテキスト変数の値を定義します。
ViewForm	フォームコントロールを表示します（編集不可）。
With	数式内でのみ使用できるローカル変数の値を定義します。

Power Appsの関数はExcel関数がベースなので、馴染み深い人もいるかもしれません。

Microsoft公式（https://learn.microsoft.com/ja-jp/power-platform/power-fx/formula-reference）で関数の一覧を公開していますので、ぜひインターネットでも調べてみてください。

関数をプロパティで利用する

関数は**プロパティ**と併用することで、はじめて画面上で意味を成します。

関数は演算処理のために利用します。Power Appsアプリで関数を利用する場合、演算結果はプロパティをとおして画面上で実現します。

「DateAdd」関数を利用した処理

例として「DateAdd」関数を利用した処理を解説します。DateAdd関数は日付データを加工できる関数です。

ここでは、画面上で入力した日付に1週間を加算します。また、加算結果は画面に表示します。

日付コントロールとテキストラベルコントロールを用意します。

テキストラベルコントロールである「計算結果A」項目のTextプロパティにDateAdd関数を設定します。

DateAdd関数の構文は次のとおりです。

Chapter 3-2 関数・型について

◆ DateAdd関数の構文

DateAdd(対象の日付の値, 加算する数値, 年や日などの加算単位)

日付コントロールはSelectedDateプロパティにデータを保持しているので、次の式になります。

DateAdd(日付A.SelectedDate,7,TimeUnit.Days)

● DateAdd関数

初見では「TimeUnit.Days」などの値がわからない、という人もいるかもしれません。
Power Appsでは、利用できる値の候補をプルダウンで表示（リコメンド）してくれます。

● 利用できる値をリコメンド表示する

処理を確認してみましょう。
利用モードで実際に日付を入力してみましょう。選択した日付に+7日を行い、画面表示してくれました。

● 日付を入力すると+7日で表示された

49

「If関数」を利用した処理

次に「If関数」を例にしてみましょう。
If関数の構文は次の通りです。
条件に一致した場合は「true」の値を、一致しない場合は「false」の値を返します。

◆ **If関数の構文**

If(条件,条件一致(true)時の値,条件不一致(false)時の値)

「項目A」の入力値を条件として、活性（ボタンがクリックできる状態）にするか非活性（ボタンがグレー表示されてクリックできない状態）にするか、可変ボタンBがあります。
項目の活性・非活性を制御しているのは「Displaymode」プロパティです。
正確には「Displaymode」プロパティには「編集（Edit）」「表示（View）」「使用不可（Disabled）」の3つのモードがあります。

◆ **Displaymodeプロパティのモード**

- **Dispaymode.Edit**……………編集可能。ボタンクリック可
- **Displaymode.View**……………表示のみ可能。ボタンクリック不可
- **Displaymode.Disabled**………無効（値のコピーも不可）。ボタンクリック不可

項目Aの値が「承認済」である場合は、ボタンをクリック不可にしてみましょう。
まずは、テキスト入力コントロールとボタンコントロールを挿入します。
次に、項目BのDisplaymodeプロパティに以下のIf関数を設定します。

If(項目A.Value="承認済",Displaymode.View,Displaymode.Edit)

● 「承認済」の場合はボタンをクリックできないif関数の設定

項目AがしてAが承認済の状態になるとボタンBがクリック不可になりました。

● 承認済みになるとボタンBがグレーアウトした

型について

各項目には「**型**」というものが存在します。型はシステムがデータを解釈するうえで重要な情報です。

例えば「2024/4/1」という値があったとします。これは「文字列」なのか「日付」なのか、といった型の情報が正しくないとシステムは正常に動作しません。関数によって利用できる型が決まっている場合があるためです。

見た目では文字列なのか日付なのか判断ができませんが、アプリで関数を使用するうえで型の把握が重要であることを覚えておきましょう。なお、グローバル変数やコンテキスト変数は設定したデータによって自動的に型を設定します。

主要な型の種類は次の通りです。

● 主要な型

型	内容
Text型 （文字列型）	文字列情報の型。数値型や日付型をText関数でテキスト型にすることができます。ダブルクォーテーションで囲われた値はすべてテキスト型になります。
Number型 （数値型）	項目に数値のみ入れると数値型と判定されます。Value関数で数値型に変換できます。
Data型 （日付型）	日付情報の型。時分秒の情報である、Time型や年月日時分秒であるDateTime型もあります。
Record型 （レコード型）	テーブルの1行（レコード）の情報を格納する型。 氏名と誕生日の表があったとして、ヘッダーと指定の1レコードのみを保持します。
Table型 （テーブル型）	テーブルの情報を格納する型です。 氏名と誕生日の表そのものを保持するので、複数レコードのデータを保持できます。
Boolean型 （真偽型）	true、falseといった真偽値の型です。

型が異なる場合に誤った関数を使用すると、エラーになることがあります。

例えば、「2024年4月1日」というテキスト型のデータがあったとします。このデータをDateAdd関数で

処理しようとしても、データがテキスト型で日付型ではないので、エラーになります。

数値型も同様で、「10」という数字をテキスト型で保持していたとすると、テキストである「10」は計算できないためエラーになります。

データを抽出したほかの型に変換や、レコード型やテーブル型からデータを抽出する場合で方法が異なります。本書の中で紹介していきます。

● 主要な型

> **TOPIC**
>
> ### 型の確認
>
> IsBlankやIsNumeric関数を使うことで、特定の型であるかを確認できます。
> 例えば次のように、テキスト入力コントロール（TextInput1）が空かという条件に応じて、処理を分岐させることが可能です。
>
> ```
> If(IsBlank(TextInput1.Text),""空白です（True）"",""空白ではありません（false）"")
> ```

> **TOPIC**
>
> ### 型変換関数
>
> 特定の型に変換するための関数がいくつか用意されています。次の関数を利用して、型を明示的に変換できます。
>
> Text関数：数値や日付をテキスト型に変換します。
>
> ```
> Text(123.45)   // 結果："123.45"
> ```
>
> Value関数：テキスト型を数値型に変換します。
>
> ```
> Value("123")   // 結果：123
> ```
>
> DateValue関数：テキスト型の日付をDate型に変換します。
>
> ```
> DateValue("2023-09-01")   // 結果：2023年9月1日
> ```
>
> Boolean関数：trueまたはfalseに変換します。
>
> ```
> Boolean(1)   // 結果：true
> ```

Chapter 3-3

入力コントロール

Power Appsではテキスト入力や日付の選択など、さまざまな入力コントロールを利用できます。あらかじめ用意された選択肢から選択できるドロップダウンや複数選択が可能なコンボボックス、チェックボックスやラジオなども利用可能です。

Power Appsのデータ入力の仕組み

Power Appsのデータ入力の仕組みを把握しておきましょう。

Power Appsはあくまで画面のUIです。そのため、データ保存先は別に用意する必要があります。

Power Appsは、データの保存先であるデータソースの項目内容を読み込み、読み込んだ項目を画面UI上で表示できます。また、画面UI上で入力した情報をデータソースに登録することもできます。

● SharePoint Online リストの項目

SharePoint						

社内研修　　ホーム　ドキュメント　ページ　社内研修一覧　TestList　サイト コンテンツ　編集

＋ 新規　　🖉 編集　　⊞ グリッド ビューでの編集　　🖉 共有　　🔗 リンクのコピー　　💬 コメント　　🗑 削除　　…　　　　✕ 1個のアイテムを選択済

TestList ☆

	タイトル ∨		内容 ∨	申請日 ∨	申請者 ∨	費用 ∨	＋ 列の追加
✓	申請テスト_タイトル	… 🖉 🔔	申請テスト_内容	2024/04/01	長谷川 甲斐	¥123,456,789	

● Power Appsで読み込み（フォームコントロール）

タイトル	内容	申請日
申請テスト_タイトル	申請テスト_内容	2024年4月1日 📅

申請者	費用
長谷川 甲斐 ⌄	123456789

この流れを見ると、アプリ画面上で個別に入力項目を作成するのは不要にも思えてきます。

しかし、Power Appsの入力コントロールは、アプリで入力した値や条件によって処理を分けてデータソースに登録したい場合に役立ちます。例えば、年齢の算出の為に「誕生日」を画面入力させ、年齢を計算するといったケースなどです。

その他の用途として、データソースの情報を絞り込んで検索したいという場合にもPower Appsの入力コントロールは活躍します。ステータスが「申請中」や「承認待ち」のものだけを表示するケースや、誕生月が4月の人のみ表示するケースなどです。

Power Appsで、画面上で文字・日付などを入力する場合に利用される「**入力コントロール**」について学びましょう。

主要な入力コントロールは次のとおりです。

● **主要な入力コントロール**

コントロール	特徴
テキストラベル	表示用のテキストです。入力用ではありませんが、項目名を示すために頻繁に利用します。
テキスト入力	入力用のテキストです。画面上で文字の入力ができます。
日付の選択	カレンダー形式で日付の入力ができます。
ドロップダウン	選択肢を選択します。単一選択のみです。
コンボボックス	選択肢を選択します。複数選択可能、検索可能です。
リストボックス	選択肢を選択します。複数選択可能です。
チェックボックス	値をチェックボックス形式で選択します。
ラジオ	選択肢をラジオボタン形式で選択します。
切り替え	はい/いいえを選択します。
フォーム	SharePointリストやExcelなどのデータソースと接続して、単一レコードデータを表示します。データソースの項目に合わせて入力方式がかわりテキスト入力、日付の選択コントロールなど適切なコントロールを選択し表示します。

これらのコントロールをそれぞれ詳しく見ていきます。

なお、クラシックコントロールとモダンコントロールで、プロパティの種類などに差があるものがあります。ここではクラシックとモダンで共通して利用できる内容について説明していきます。ただし、モダンコントロールにないコントロールや一部動作が安定しないコントロールはクラシックコントロールで説明します。

テキストラベルコントロール

「**テキストラベル**」は、編集不可の表示用コントロールです。画面項目名の表示などで頻繁に利用します。

エクセルのセル設定のように、フォント色の設定はプロパティペインにて細かに設定できます。

なお、Power Appsで利用できるフォントの種類は少なく、MS Pゴシックなども利用できませんが、画面のイメージに合わせてフォントの種類を変えてもよいでしょう。ただし、本書では初期値のままで利用します。

● テキストラベル

テキストラベルで使用する主要なプロパティは次のとおりです。

● テキストラベルのプロパティ

プロパティ	説明
Text	表示する値を指定します。
Overflow	Textがコントロールの大きさに収まらないときにスクロール可能にするか指定します。 スクロールさせたい場合はOverflow.Scrollにします。
Visible	画面に項目を表示するか指定します。 一定条件下では項目を表示しない仕様の場合に利用します。

表示イメージは次のとおりです。ダブルクォーテーション（"）で囲まれた部分を画面上に表示します。

● テキストラベルの表示イメージ

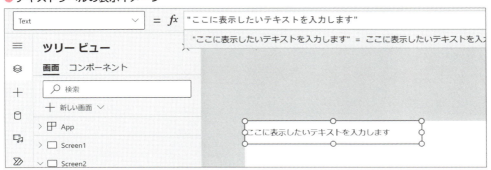

関数や変数も設定・表示できます。直接入力した値と関数や変数をつなげて表示したい場合は「&」を使います。

●関数や変数も設定可能

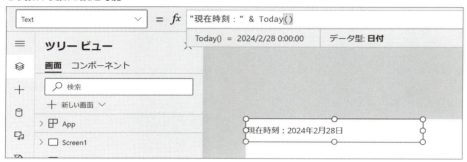

テキスト入力コントロール

「**テキスト入力**」は、編集可能なテキストを入力するためのコントロールです。フォントなど見た目に関連する設定は、前述のテキストラベルコントロールと同様です。

テキスト入力コントロールで使用する主要なプロパティは次のとおりです。

●テキスト入力コントロールのプロパティ

プロパティ	説明
Text	（クラシックコントロールの場合）画面から入力した値を保管します。
Value	（モダンコントロールの場合）画面から入力した値を保管します。
OnChange	値が変更されたときに行う処理を指定します。
Displaymode	入力可能/不可を制御します。一定条件下で入力不可にする場合に利用します。

入力イメージは次のとおりです。

●テキスト入力の入力イメージ

Displaymode	イメージ
Edit（初期値）	名字： はせがわ
View（編集不可）	名字： はせがわ
Disabled（コピーも不可）	名字： はせがわ

入力内容をテキストラベルに表示してみましょう。

● 入力内容をテキストラベルで表示

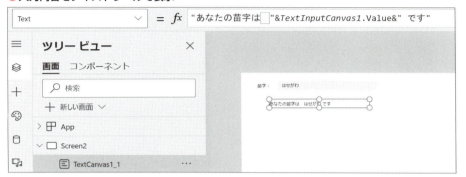

日付の選択コントロール

「**日付の選択**」は、カレンダー形式で日付を入力するためのコントロールです。

本書執筆時点、Power Appsのクラシックコントロールとモダンコントロールでは、使い勝手が異なるため注意してください。クラシックコントロールは日付の選択後に「OK」ボタンをクリック必要があります。クラシックコントロールはそのためクリック回数が多くなりますが、日付の表示形式の自由度が高めです。

日付の選択コントロールで使用する主要なプロパティは次のとおりです。

● 日付の選択コントロールの主要プロパティ

プロパティ	説明
SelectedDate	選択された日付です。
OnChange	値が変更されたときに行う処理を指定します。
Format	日付の表示形式を指定します。 クラシックコントロールは曜日なども表示可能です。

入力イメージは次のとおりです。

● 日付の選択コントロールの入力イメージ

選択日付をテキストラベルに表示してみます。

● 選択日付をテキストラベルに表示

◆ 曜日の表示

曜日を表示したい場合は「Format」プロパティの変更が必要です。

なお、Formatプロパティの変更内容はコントロール自身にしか適用されません。テキストラベルの表示形式とは連動しないので注意しましょう。

Chapter 3-3 入力コントロール

● Formatプロパティで曜日を表示

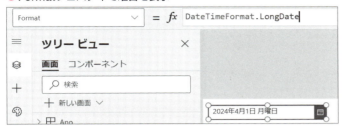

「2024/04/01(月)」という形式にしたい場合、Power Appsが用意している既定のフォーマットにはないので加工する必要があります。

```
Substitute(Text(Self.SelectedDate, "[$-ja-JP] yyyy/mm/dd(ddd)", "ja-JP" ),"曜日","")
```

「Self」は自分自身を示す関数です。上の式を解説すると次のようになります。

❶「Self.SelectedDate」で自身の値を取得する。
❷ Self.SelectedDateは日付型なので文字列型に変更し「"曜日"」を消せるようにする。
❸ Substitute関数で「"曜日"」文字列を「""」（値なし）に変換する。

● 「2024/04/01(月)」を表示

　単純に日付と言っても、曜日や年は表示せず月日だけ表示したり、区切り文字は年月日ではなく「/（スラッシュ）」であったりするなど、表示方法は多岐にわたります。
　どのように値を表示するか、といった観点はアプリの使いやすさにも影響するので気にしておくとよいでしょう。

59

ドロップダウンコントロール

「**ドロップダウン**」は、選択肢から単一の値を選択肢で入力するコントロールです。本書執筆時点ではクラシックコントロールのみ利用できます。

ドロップダウンコントロールで使用する主要なプロパティは次のとおりです。

プロパティ	説明
Selected.Value	選択された値です。
OnChange	値が変更されたときに行う処理を指定します。
Items	選択肢の一覧を指定します。直接指定の場合、[]で囲い区切り文字はカンマです。 例）選択肢が"りんご"と"みかん"であれば["りんご","みかん"] ExcelやSharePoint Onlineリストなどから選択肢を作成することもできます。 選択肢として指定したい列はValueプロパティで列名を指定します。
Default	選択肢の中から初期値を指定します。
AllowEmptySelection	値を選ばないことを許可するか指定します。trueの場合は、値なしを許容し、falseの場合は選択が必須です。

ドロップダウンコントロールの入力イメージは次のとおりです。

● ドロップダウンコントロールの入力イメージ

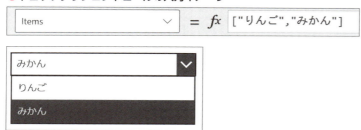

AllowEmptySelectionプロパティをtrueにした場合は、空の値を設定できます。選択肢にはありませんが、現在選択している値を再度選択することで、空の値に変更できます。

● 空の値を設定

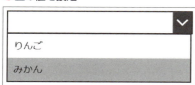

選択した値をテキストラベルに表示してみます。

●選択した値をテキストラベルに表示

SharePoint Onlineリストから取得して選択肢を表示する

Itemsの選択肢を**SharePoint Onlineリスト**から取得して、選択肢を表示する方法を説明します。
先にSharePoint Onlineリストを作成する必要があります。

なお、本書におけるデータソースは基本的にSharePoint Onlineリストを用います。データソースはExcelファイルも利用可能ですが、ファイル名の変更や移動してしまった時点でPower Appsから利用できなくなったり、大容量データの読み込みに時間がかかったりするため、SharePoint Onlineリストを推奨します。

なお、SharePoint Onlineリストの概要については次節で詳しく解説します。

◆ SharePoint Onlineリストをデータソースとして設定

SharePoint OnlineリストをPower Appsのデータソースとして設定します。SharePoint Onlineリスト以外のものをデータソースとする場合も設定の流れは同じです。

Power Appsの編集画面を表示し、「☰（データ）」タブから「データの追加」を選択して、「コネクタ」の「SharePoint」を選択します。

「接続の追加」が表示されたら、自分のアカウントを選択します。同じアカウントの接続が表示されている場合は、どちらを選択しても違いはありません。

●Power AppsのデータソースとしてE利用するSharePointアカウントの選択

「SharePointサイトに接続」画面で、リストのURLを入力します。

「詳細情報」欄にSharePoint OnlineサイトのURLを入力して「接続」ボタンをクリックするか、「最近利用したサイト」から対象のリストが含まれるサイトを選択します。

サイトを選択すると利用可能なSharePoint Onlineリストが表示されます。リストを選択して「接続」ボタンをクリックします。

●SharePoint Onlineリストを選択

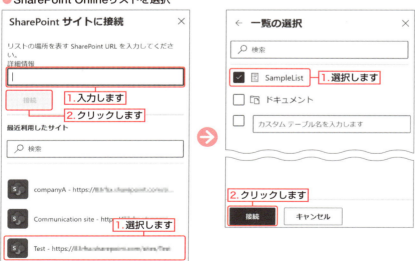

これでデータソースに選択したリストが表示されます。

●選択したリストがデータソースに表示された

接続後は、Power Appsアプリ内のドロップダウンやフォームなど様々な場所でリストを利用できます。

◆ SharePoint Onlineリストを選択肢として利用する

接続したSharePoint Onlineリストの列の値を、選択肢として利用してみましょう。
SharePoint Onlineリストの「SampleList」の「fruit」列をItemsプロパティに設定します。
記述方法は次のとおりです。

```
SampleList.fruit
```

●Itemsプロパティに

Itemsプロパティに指定する際の記述方法は、上記例では「リスト名.列名」で指定しています。プロパティペインで個別に指定することもできます。

● プロパティペインで指定

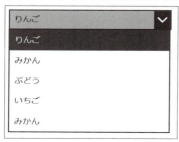

ドロップダウンにSharePoint Onlineリストの選択肢が表示されました。

● ドロップダウンにSharePoint Onlineリストの選択肢が表示された

ただ、上図を見てわかるとおり、選択肢の「みかん」が重複しています。Distinct関数を利用することで、Power Apps側で重複削除ができます。Distinct関数の構文は次のとおりです。

◆ Distinct関数

Distinct(重複削除したいテーブル, 対象の列や数式)

● Distinct関数を使って重複を削除

重複削除されて、みかんが1つのみ表示されました。

● 重複が削除された

データソースのデータを正しくメンテナンスできていないことも多いので、選択肢系のコントロール利用時はDistinct関数を利用することを覚えておきましょう。

コンボボックスコントロール

「**コンボボックス**」は選択肢から複数の値を選択して入力できるコントロールです。

前述したドロップダウンコントロールでは選択肢から1つしか選択できませんが、コンボボックスコントロールでは複数選択できるようになります。

コンボボックスコントロールでは選択肢の検索機能もあります。ただし、できることが多い反面、テーブル値を扱うため少々扱いが難しいコントロールです。

コンボボックスコントロールで使用する主要なプロパティは次のとおりです。

● コンボボックスコントロールの主要プロパティ

プロパティ	説明
SelectedItems	選択された値をテーブルとして取得します。 テーブル型になるのでそのままテキストラベルに表示することはできません。
Selected	選択された値を単一レコードとして取得します。 複数選択している場合、最後に選択したレコードです。
Items	選択肢の一覧を指定します。 通常、SharePoint Onlineリストなどのデータソースを利用します。 直接指定をする場合は、Table関数でテーブル値を作成します。レコード毎で{}で囲い、列名を指定します。 例）Table({fruit:"りんご",price:100},{fruit:"みかん",price:50})
DisplayFields	選択肢として表示する列を指定します。
DefaultSelectedItems	選択肢の中から初期値を指定します。
IsSearchable	検索を許可する場合true、しない場合はfalseを指定します。
SearchFields	検索対象の列を指定します。
SelectMultiple	複数選択を許可する場合true、しない場合はfalseを指定します。

65

SharePoint Onlineリストを選択肢として表示します。

ItemsプロパティとDisplayFieldsプロパティに直接設定してもいいですが、プロパティペイン上でも設定可能です。

プロパティペイン上で設定すると、DisplayFieldsプロパティは自動的に設定されます。

● プロパティペイン上で設定

DisplayFieldsプロパティは次のように設定されます。

● DisplayFieldsプロパティ

これで、SharePoint Onlineリストから取得した選択肢を複数選択できます。

検索した場合は、検索値をもとにして選択肢が絞り込まれます。

例えば「ご」で検索すると、「りんご」と「いちご」が表示されます。

66

Chapter 3-3 入力コントロール

●リストから複数選択可能に

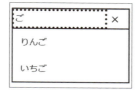

選択した値の数が多くて項目に収まらない場合は省略して表示されます。

●選択項目が多い場合の省略表示

選択した値を別項目に表示する

選択した値を別項目に表示してみます。

コンボボックスは今までのコントロールと違いテーブルとして値を持っているので、ドロップダウンコントロールのようには表示できません。

SharePoint Onlineリストを例として、構造を整理しておきましょう。

●コンボボックスで持つ値の構造

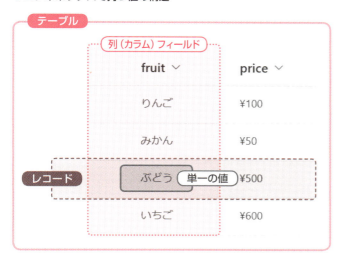

67

ここでのテーブルは、SharePoint Onlineリストと認識してください。コンボボックスでは複数選択することが前提なので、1つのレコードのみ選択していてもSelectedItemsはテーブル値として扱います。

ドロップダウンと比較してみましょう。ドロップダウンはレコードを意識しません。単一の列（フィールド）の値に存在する単一の選択肢が選ばれるため、値としてはレコード値ではなくテキスト値などになります。

コンボボックスの場合は、画面上で「ぶどう」を選んだとしても、実際にデータとして取得するのはそのレコードです。DisplayFieldsの名のとおり、選択肢はあくまで画面上に表示される値でしかありません。

● ドロップダウンとコンボボックスの違い

このようにコンボボックスは扱いづらそう見えますが、ドロップダウンにはないメリットもあります。

コンボボックスの場合、画面上で「ぶどう」を選択したら、裏で¥500という値を持っており、金額項目を参照できます。

Selectedプロパティはレコード値を呼び出すため、レコード値の中のどの列（フィールド）かを指定します。「Selected.fruit」でfruit列の値が表示されますが、同じようにSelected.priceで金額が表示できます。

● レコード値とフィールドを指定することで表示項目を指定する

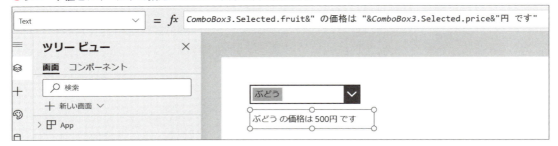

次に、複数選択した場合のSelectedItemsプロパティを利用した場合の動作を見てみましょう。
Selectedと同様の取得方法ではエラーになってしまいます。

● SelectedItemsプロパティを利用した場合

これはSelectedItemsプロパティがテーブル値であるため発生するので、取得したい値が存在するレコードを指定してあげる必要があります。

First関数を使うと、最初のレコードを取得してくれます。

● First関数を使ってレコードを取得

First関数でエラーは回避できましたが、コンボボックスで選択された値が複数の値を表示するケースが網羅できていません。

複数の値を表示する場合は次2パターンの方法があります。

❶ テーブルの内対象の列を文字列に変換する。
❷ テーブル値を格納できるコントロールを利用する。

❶テーブルの内対象の列を文字列に変換する方法

テーブルの内対象の列を文字列に変換する方法を説明します。テーブルの内対象の列を文字列に変換するにはConcat関数を使います。

Concat関数の構文は次のとおりです。

◆ Concat関数

> Concat(テーブル, 対象の列・式, 区切り文字)

　テーブルにSelectedItemsを指定し、そのテーブルの内、文字列化したい列を指定します。値が複数であるため、値の間の区切り文字をダブルクォーテーション（"）で囲って指定します。

● Concat関数を使ってテーブルの内対象の列を文字列に変換

❷ テーブル値を格納できるコントロールを利用する方法
　テーブル値を格納できるコントロールを利用する方法を説明します。
　テーブル値を格納できるコントロールには、コンボボックスやギャラリーなどがあります。今回は結果が確認しやすいギャラリーコントロールにします。ギャラリーは画面にさまざまな情報を表示するコントロールで、詳細についてはChatpter 4-5（158ページ）で解説します。
　fruit列（ぶどう）だけでなく、price列（500）の情報も取得できています。

● ギャラリーコントロールを利用してテーブル値を格納

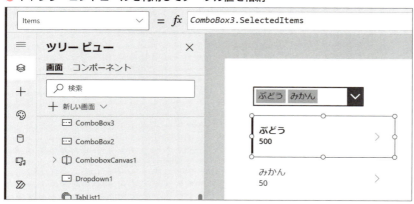

リストボックス

「**リストボックス**」は単一の列で複数選択できるコントロールです。

ドロップダウンの複数選択版のように見えますが、値の取得方法はコンボボックスと同様です。画面上に選択肢をあらかじめ表示できるので、ユーザーに選択肢をあらかじめ提示したい場合は有用でしょう。

リストボックスコントロールで使用する主要なプロパティは次のとおりです。

● リストボックスコントロールの主要プロパティ

プロパティ	説明
SelectedItems	選択された値をテーブルとして取得します。コンボボックスと同様です。
Selected	選択された値を単一レコードとして取得します。複数選択している場合、最後に選択したレコードです。コンボボックスと同様です。
OnChange	値が変更されたときに行う処理を指定します。
Items	選択肢の一覧を指定します。ドロップダウンと同様です。

リストボックスコントロールを使用すると次のように表示されます。

● リストボックスコントロールで表示した

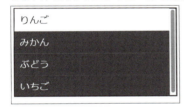

リストボックスで値を取得する場合は、コンボボックスと同様にSelectedプロパティから、Selected.fruitでfruit列の値を呼び出します。

● リストボックスからfruit列の呼び出し

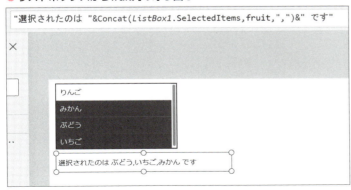

チェックボックス

「**チェックボックス**」は、チェックしたか否かを判定できるコントロールです。

1コントロールあたりのチェック箇所は1つです。アンケートのように複数のチェックボックスは作成できません。

チェックボックスコントロールで使用する主要なプロパティは次のとおりです。

● チェックボックスコントロールの主要プロパティ

プロパティ	説明
Value	チェックしている場合はtrue、していない場合はfalseです。
OnCheck	チェックされたときに行う処理を指定します。
OnUncheck	チェックを外した時に行う処理を指定します。
Text	チェックボックスの内容を指定します。

Textプロパティに「研修に参加しますか」と指定した場合の表示イメージは次のとおりです。

● Textプロパティで任意の文字列を表示

チェックしたか否かをテキストラベルに表示してみます。

チェックしている場合はtrue、していない場合はfalseです。

● チェックの有無をテキストラベルに表示

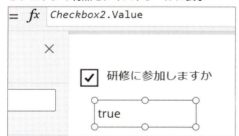

Chapter 3-3　入力コントロール

ラジオ

「**ラジオ**」は選択肢の中で必ず1つを選ばせるためのコントロールです。

ドロップダウンと似ていますが、画面上に選択肢を画面上にあらかじめ表示できます。選択肢をすべて画面に提示したい場合に有用です。

ラジオコントロールで使用する主要なプロパティは次のとおりです。

● ラジオコントロールの主要プロパティ

プロパティ	説明
Selected	選択された値を取得します。取得にはSelected.fruitのように列目の指定が必要です。
Layout	選択肢の並べ方を指定します。 Layout.Horizontalの場合、横並びですが横幅が足りないと自動で折り返されます。 Layout.Verticalの場合、縦並びです。幅が足りない場合スクロール可能です。
OnChange	値が変更されたときに行う処理を指定します。
Items	選択肢の一覧を指定します。 Valueプロパティはないので、SampleList.fruitのように列名の指定が必要です。

ItemsにSharePoint Onlineリストを指定すると、次のようにすべての選択肢が画面上に表示されます。また、選択項目をテキストラベルに表示してみます。

● ラジオコントロールで選択項目をすべて表示した

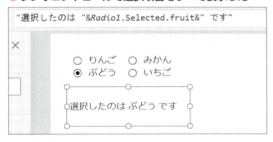

切り替え

「**切り替え**」は、値のオン／オフを選択するためのコントロールです。
切り替えコントロールで使用する主要なプロパティは次のとおりです。

●切り替えコントロールの主要プロパティ

プロパティ	説明
Value	オンにしている場合はtrue、オフにしている場合はfalseです。 モダンコントロールの場合はChekedプロパティです。
OnCheck	オンにした場合に行う処理を指定します。
OnUncheck	オフにした場合に行う処理を指定します。
TrueText	オンにした場合の表示内テキスト内容を指定します。 モダンコントロールにはないためIf文で対応します。
FalseText	オフにした場合の表示内テキスト内容を指定します。 モダンコントロールにはないためIf文で対応します。
Default	初期値を指定します。trueもしくはfalseです。

切り替えコントロールは次のように表示されます。

●切り替えコントロールの表示例

切り替えコントロールの設定は、モダンコントロールの場合はLabelプロパティでIf文を用いて対応します。
オンにしている場合はtrue（晴れ）、オフにしている場合はfalse（雨）とする場合は次のようにします。

```
If(Self.Checked=true,"晴れ","雨")
```

●LabelプロパティでIf文で設定

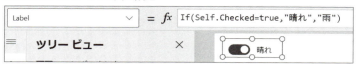

選択した値をテキストラベルに表示してみます。オンにしている場合はtrue、オフにしている場合はfalse

です。

●オン（晴れ）を選択してtrueが表示された

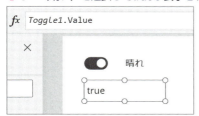

フォーム

「**フォーム**」コントロールは、データソースを読み込んだ後、自動で作成される入力項目です。レコード型のデータとして扱います。

フォームには「**編集フォーム**」と「**表示フォーム**」があり、Power Appsでデータを入力する場合は編集フォームを利用します。

なお、フォームコントロールはモダンコントロール・クラシックコントロールいずれもありますが、モダンコントロールのフォームは一部動作が不安定なため、安定しているクラシックコントロールを推奨します。

●フォームコントロール

編集フォームコントロールを挿入し、接続するデータソース（テーブル）を選択すると、項目が自動的に作成されます。

●データソースを選択（図はSharePoint Onlineリスト）すると自動で編集フォームが表示される

「親子孫」の構造

編集フォームコントロールは、次の図のような「親子孫」の構造になっています。

フォームが「親」で、「孫」にテキスト入力コントロールや日付の選択などの項目が入ります。その中間に「**DataCard**」コントロールという「子」が入り、孫の各種設定値を含みます。

作成される孫コントロールは、それぞれの列ごとに4つできます。

「DataCardValue」という名称の項目は実際の値が入る項目ですが、データソースの項目設定を引き継ぎます。データソース側において日付型で作成されていたら、日付の選択コントロールで作成されます。

●編集フォームコントロールの構造

Chapter 3-3　入力コントロール

フォームコントロールで使用する主要なプロパティは次のとおりです。

● フォームコントロールの主要プロパティ

項目	内容
Form（フォーム）	テーブルの内、1レコードを扱います。
DataCard	レコードの内、1列（カラム）を統合して扱います。
StarVisible	必須項目であることを示すアイコンです。
ErrorMessage	エラー時に表示されるメッセージです。
DataCardValue	項目の値です。
DataCardKey	列名です。データソース側の列名が表示されますが画面側の表示は変更できます。

フォームコントロールとDataCardコントロールは設定方法が特殊です。
次の表で詳細に説明します。

● フォームコントロール

プロパティ	説明
DataSource	対象のテーブル（データソース）を指定します。
DefaultMode	フォームのモードを指定します。 • **FormMode.New** ····· 新規レコードを作成するモード • **FormMode.Edit** ······ 既存レコードを編集するモード • **FormMode.View** ···· 既存レコードを表示するモード
Item	対象のテーブルのうち、特定のレコードを指定します。 FormMode.Newの場合は不要です。
OnSuccess	レコードのデータソースへの保存に成功したときの処理を指定します。
OnFailure	レコードのデータソースへの保存に失敗したときの処理を指定します。

● DataCardコントロール

プロパティ	説明
DataField	レコードのうち、扱う列（カラム）を指定します。
Default	値（DataCardValue）の初期値を指定します。既定値は表示する自身のレコード（ThisItem）の、自身の列なのでThisItem.列名です。
DisplayName	項目の表示名（DataCardKey）を指定します。
Update	データの保存時に、データソースに対して実行する処理を指定します。

フォームに表示するDataCardは指定できます。つまり、存在する列の表示・非表示はデータソースで制御可能ということになります。

● フォームに表示するDataCardは指定可能

　フィールドの編集を実施してみましょう。
　誤操作を防ぐため、初期状態では変更はロックされてるので、ロックを解除したうえで編集する必要があります。次のメッセージをクリックすると、ロックが解除されて編集できるようになります。

● ロックを解除する

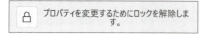

　DataCardのDiplayNameを変更します。
　次の図では、データソースの項目名である「fruit」が表示されています。
　これはデータソースの設定値をそのまま取得して表示しているためです。

● データソースの設定値をそのまま表示している

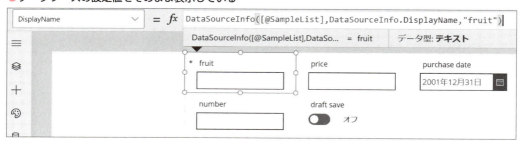

「fruit」から日本語の「果物」に変更しましょう。
項目名を表示するDataCardKeyの値を見てみます。

● DataCardKeyの値

初期値で「Parent.DisplayName」という値が入っています。
「fruit」という項目名は「Parant.DisplayName」を参照して取得しているということになります。
ここでのParentはDataCardKeyの親階層であるDataCardを示します。
項目名を実際に表示しているのはDataCardKeyですが、DataCardKeyはParent.DisplayNameで親であるDataCardを参照しています。

● 親のDataCardを参照している

ParentであるDataCardのDiplayNameプロパティを確認します。
初期値としてPower Appsが自動で設定した関数が入力されています。

● DataCardのDiplayNameプロパティ

DisplayName = fx DataSourceInfo([@SampleList],DataSourceInfo.DisplayName,fruit)

DiplayNameの値を変更してもエラーにはならないので、変更すると表示名が「果物」となりました。

● DiplayNameの値を「果物」に変更

フォームの中身は親子孫関係にあると説明しましたが、データ構造としては次のとおりです。

● フォームのデータ構造

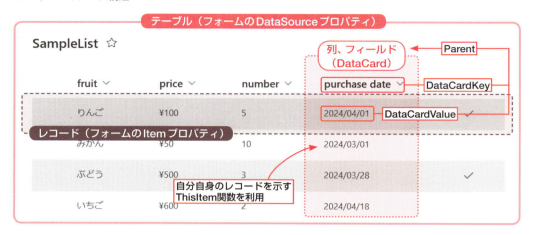

ThisItem関数

続いてThisItem関数について説明します。

ThisItem関数はDataCardのDefaultプロパティの既定値として利用されており、自分自身のレコードを指し示す関数です。

● ThisItem関数

フォームはデータを入力するだけでなく、すでにデータソースのテーブルに含まれるデータを表示します。例えば、前画面でデータの一覧から選択したデータをフォームに表示するとします。

● データの一覧から選択したデータをフォームに表示する

　このとき、フォームとして「選択されたデータはなにか」という情報を持っていないと、データを表示することができません。
　ThisItem関数は、データソースのうち「選択されたデータ」であるということを覚えておきましょう。
　マスカットを選択している場合、ThisItemはマスカットのレコードを示し、ThisItem.fruitになると「マスカットのレコード」の「fruit項目」の値を示すことになります。
　続いてフォームから新規レコードを作成してみましょう。
　FormMode.Newとすると新規レコードの作成が可能です。プロパティの直接設定ではなく、次の図のようにプルダウンからも設定できます。

● プルダウンで設定できる

　画面右上の「アプリのプレビュー」▷から起動してみます。

● アプリのプレビューで起動

空のフォームが表示されます。
入力可能ですが、このままでは保存できないため、保存ボタンを作成する必要があります。

● 空のフォームが表示される。入力できるが保存ボタンがない

ボタンコントロールを追加し、OnSelectプロパティにSubmitForm関数を設定します。
SubmitForm関数の構文は次のとおりです。

◆ SubmitForm関数

SubmitForm(更新するフォーム名)

● ボタンコントロールのOnSelectプロパティにSubmitForm関数を設定

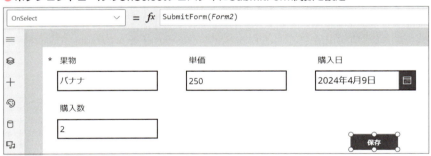

SharePoint Onlineリストにデータが追加されました。

Chapter 3-3 入力コントロール

● SharePoint Onlineリストにデータが追加された

fruit	price	number	purchase date	draft save
りんご	¥100	5	2024/04/01	✓
みかん	¥50	10	2024/03/01	
ぶどう	¥500	3	2024/03/28	✓
いちご	¥600	2	2024/04/18	
バナナ	¥250	2	2024/04/09	✓

← データが追加されました

◆ レコードの修正

続いて既存レコードを修正してみます。

FormMode.Editで実施しますが、まずは「どのレコードを修正するのか」を特定する必要があります。

アプリ利用者が修正レコードを選択する必要があることから、ギャラリーコントロールで一覧としてテーブルの全てのレコードを表示し、選択したら編集フォームが開くようにします。

新しい画面を作成し、ギャラリーコントロールを追加します。種類がありますが、レイアウトが異なるだけで機能に違いはありません。

ここでは「垂直ギャラリー」を選び、データソースを設定します。データソースを設定すると、レコードの一覧が表示されました。

● 垂直ギャラリー

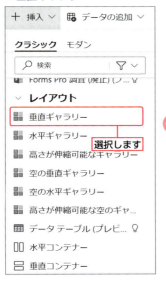

83

初期状態だと見栄えが悪いですが、ギャラリーの見た目も任意に変更可能です。まずはギャラリーから対象のレコードを選択したら、編集したいフォームがある画面に画面遷移させます。

●対象レコードを選択して編集したいフォームの画面に遷移

　FormMode.Editとし、Itemプロパティをギャラリーで選択されたものに変更します。

●Itemプロパティを変更

　遷移元とギャラリーコントロール名を指定して「.Selected」とすると、レコード型のデータを取得できます。

●レコード型のデータを取得するよう設定

　ギャラリーからみかんのレコードを選ぶと編集画面に遷移するため、修正して保存ボタンをクリックします。

Chapter 3-3 入力コントロール

● 修正して保存

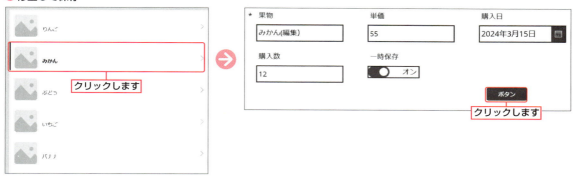

SharePoint Onlineリストの値も更新されました。

● SharePoint Onlineリストが更新された

fruit	price	number	purchase date	draft save
りんご	¥100	5	2024/04/01	✓
みかん(編集)	¥55	12	2024/03/15	✓
ぶどう	¥500	3	2024/03/28	✓
いちご	¥600	2	2024/04/18	
バナナ	¥250	2	2024/04/09	✓

主要な入力系コントロールの解説は以上です。

> **TOPIC　ギャラリーを見やすくする**
>
> ギャラリー内のアイテムを区切っている図形コントロール（Separator）の高さ、罫線を変更することで、各アイテムの境界が分かりやすくなります。
>
> ● 変更前　　　　　　　　　　　　　　● 高さ1、罫線1に変更後
>
>

Chapter 3-4

SharePoint Online

ここではSharePoint Onlineの概要と基本的な使い方について解説します。SharePoint Onlineで作成したサイトにリストを登録することで、そのリストを簡易的なデータベースとして利用できます。コンテンツやユーザーの権限設定についても解説します。

SharePoint Onlineリストをデータベースとして使う

「**SharePoint Online**」は、Microsoftが提供するクラウドベースのコラボレーション・プラットフォームです。企業内外のユーザーが共同作業を行うための機能を提供します。

SharePoint Onlineを用いれば、簡単に社内ポータルサイトやチーム作業用のサイトを作成できます。また、Power AppsやPower AutomateなどのMicrosoft 365サービスと組み合わせることで、業務の自動化や効率化が可能です。

本書では、Power Appsアプリで使用するデータソース（例えば選択肢のリスト情報など）にSharePoint Onlineのリストを使用します。そのため、ここでSharePoint Onlineについて詳しく解説します。

Power Platformでのデータソースとして利用するSharePoint Onlineサイト、及びSharePoint Onlineリストを、サイトやリストの作成から基本的な設定、アクセス権限の管理設定までの手順を説明します。

リストで作成・設定した項目がPower Apps上ではどのように表示されるのかなど、実際の利用イメージも合わせて説明します。作成したいアプリに適したリストを意識して読み進めてください。

サイトを作成する

SharePoint Onlineサイトを作成しましょう。

SharePoint Onlineサイトには、「チームサイト」と「コミュニケーションサイト」があります。名前の通り、「チームサイト」は限られたチームメンバー内での情報共有に適しています。「コミュニケーションサイト」は、社内ポータルなど全社員や多くの人をアクセス対象とする場合に適しています。

今回は「コミュニケーションサイト」を作成します。「チームサイト」でも作成手順はほぼ同じなので、利用目的に合わせてサイトを作成してください。

各サイトの特徴は次のとおりです。

Chapter 3-4　SharePoint Online

● チームサイトとコミュニケーションサイトの違い

	チームサイト	コミュニケーションサイト
グループメールアドレス作成	あり	なし
Microsoft 365 グループ関連付け	あり	なし
プライバシー設定	あり（サイトにアクセス可能なユーザーを設定します）	なし

　SharePoint Onlineにアクセスし、トップページ左上の「サイトの作成」から、「コミュニケーションサイト」を選択します。環境によっては「サイトの作成」が制限されている場合があります。その場合はシステム管理者に確認してください。

● サイトの作成

　表示されるテンプレートから「組織のホーム」を選びます。次に表示される画面で「テンプレートを使用」をクリックします。

● サイトのテンプレートを選択する

「サイトに名前を付ける」画面で、サイトの情報を入力していきます（図では「Test」）。

「サイト名」欄に任意のサイトの名称を入力します。「サイトの説明」欄にはそのサイトの説明文を記述します（任意入力）。「サイトアドレス」欄は自動作成されます。設定が終わったら画面右下の「次へ」ボタンをクリックします。

チームサイトで作成した場合、グループメールアドレスも同時に払い出されます。

● サイト情報の入力

「言語の選択」欄からサイト内の表示言語を選択し、「サイトの作成」ボタンをクリックします。この設定はサイト作成後に変更できないので注意してください。

● サイトの規定の言語を設定する

コミュニケーションサイトが作成されました。サイトナビゲーションは上側に表示されます。

● コミュニケーションサイト

チームサイトの場合は次のようなサイトが作成されます。サイトナビゲーションは左側に表示されます。

●チームサイトの場合

サイトのホームページも自由にカスタマイズできます。ぜひ色々と試してみてください。

SharePoint Onlineリスト（簡易データベース）を作る

先ほど作成したTestサイト内にリスト（**SharePoint Onlineリスト**）を作成します。

SharePoint OnlineリストはExcelのテーブルのように行単位に項目を管理できます。多くの人と共有して共同編集が可能なため、Power Platformでの簡易的なデータベースに適しています。

作成したTestサイトの画面左上の「＋新規」から「リスト」を選択します。

●新規にリストを作成

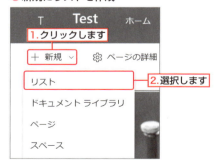

表示されたポップアップ上で「空白のリスト」を選択します。

なお、既存のリストを項目だけコピーして作成したり、テンプレートからリスト作成することも可能です。

●リストの作成

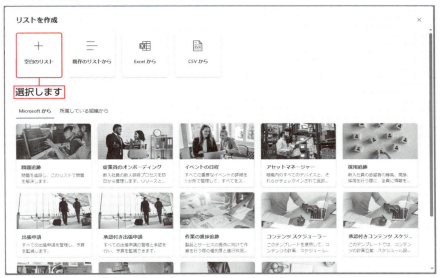

リスト名の設定

「名前」欄に任意のリスト名を入力し、「作成」ボタンをクリックします。

なおこのリスト名は半角英数文字を推奨します。ここで設定したリスト名が内部名（データベース内で使用されるフィールド名）になるためです。内部名については次ページを参照してください。

リスト名は後から変更できます。ただし、内部名は最初に入力した値から払い出すため、リスト名を変更しても内部名は変わらないので注意してください。

●リスト名を設定する

> **TOPIC　内部名について**
>
> **内部名**とは、データベース内で使用されるフィールド名のことを指します。後から変更できる表示名とは異なり、内部名はリストや項目をPower AppsやPower Automateなどのシステムで利用します。内部名は、カスタムコード、フィルタリング、集計、オプション設定など、リストに必要なデータを取得および処理するために必要です。そのため、内部名は英数字とアンダースコアのみを使用する必要があります。Power Appsでリストを参照する際に、日本語や記号、1文字のみ、先頭数字などで作成すると、ODataに変換されてしまうため、画面上で設定した名前で参照指定できなくなりますので注意してください。
> 例えば、日本語の「申請者」で作成すると、内部名は「_x7533__x8acb__x8005_」となり、Power AppsやPower Automateでこの「申請者」を指定するために、前にODataと加えて「OData_x7533__x8acb__x8005_」と入力する必要があります。
> 一方、英数字で作成した場合、例えば「Shinseisha」で作成すると、Power AppsやPower Automateでは「Shinseisha」そのままで利用できます。
> 内部名は、リスト作成および列項目の作成時の値が利用されるため、作成時は英数字で作成し、作成後に名称変更をすれば内部名は「Shinseisha」、SPOリストにおける表示名は「申請者」とすることが可能なので活用してみてください。

これでSharePoint Onlineリスト（図では「SampleList」）が作成されました。

● **SharePoint Onlineリストが作成された**

リストの編集

作成したリストを編集しましょう。編集するには、サイトのトップページ画面へアクセスします。

作成したリストにアクセスするためには、サイトトップ画面右上の歯車マーク🔧をクリックし、「サイトコンテンツ」を選択します。

● トップページから「サイトコンテンツ」を選択

サイトに登録されたコンテンツが一覧表示されます。

「コンテンツ」タブに作成したリストがあるので、確認したいリストを選択します。

● リストを選択

リストに列を追加してアイテムを作成する

リスト内に必要な項目を作成していきます。

　リストは「行」（横列）と「列」（縦列）によって構成される表形式のデータストアです。Excelテーブルと似た構造で成り立っています。Webベースで提供されているため、複数人が同時にアクセスして閲覧・編集することができます。

● リストの行と列

　最初は「列の追加」を利用して各レコードの列情報を追加しましょう。

　列の追加は、リスト列右端の「＋列の追加」をクリックして行います。

　「列の作成」画面が表示されるので、「テキスト」「選択肢」「日付と時刻」などから作成する列の種類を選択します（列の種類については96ページの表参照）。「次へ」ボタンをクリックします。

●列の種類の選択

次の画面が表示されたら、任意の「列の名前」を入力します。また、必要に応じて「その他のオプション」を設定します（最大文字数などを設定できます）。列名はリスト名と同様に、内部名を意識して半角英数文字を用いて設定してください。

設定が済んだら、「保存」ボタンをクリックします。これでリストに列を追加できました。

●列の名前とオプションの設定

作成時に設定する内容は列の種類によって異なってきます。

列の主な設定項目は次のとおりです。

● 列の主要な設定項目

項目名	説明
名前	列名を設定します。
説明	列に関する説明を入力します。
種類	列の種類を選択します。
既定値	アイテムが作成された際に、自動で入力される値を設定します。
この列に情報が含まれている必要があります	その列への入力が必須かどうか設定します。 必須列にしたい場合は、ここにチェックしてください。
一意の値を適用	同列内に同じ値がある場合、入力できません。
すべてのコンテンツタイプに追加	利用可能なコンテンツタイプを選択できます。 基本的に「はい」を選択します。

選択できる列の種類は次のとおりです。Power Apps フォームコントロールで扱う場合のデータ型も併せて記述していますので、Power Apps で項目を参照する際はこの情報を意識して利用してください。

では、実際に作成したい用途に合わせてリストを作成してみましょう。

● 列の種類

種類	データ型	説明
テキスト	Text型	文字列を保存するための列 最大長は255文字
選択肢	Table型	作成した選択肢から選んで保存するための列
日付と時刻	DateTime型	年月日や時間をDate型で保存するための列
複数行テキスト	Text型	複数行の文章を保存できるテキスト列
ユーザー	Table型	ユーザーを指定して保存するための列
数値	Number型	数値を保存するための列 表示形式を指定可能
はい/いいえ	Boolean型	はい/いいえの2つの選択肢から選択させる列
ハイパーリンク	Text型	URLを有効なリンク形式で保存できる列
通貨	Number型	通貨の金額を保存するための列
場所	Text型	地理情報を保存するための列
画像	Table型	画像を保存するための列
管理されたメタデータ	Table型	あらかじめSharePointの用語セットで設定した項目から1つを選んで保存する列
参照	Table型	指定された別のリストの項目を参照し、項目を設定するための列

データの作成・変更・削除

データの作成・変更・削除をしてみましょう。

リストでは行（横列）ごとにデータを管理します。その単位を「アイテム」と呼びます。

アイテム（行）の作成は、リスト右上「➕新規」を選択して表示される「新しいアイテム」から行います。

● 新規アイテムの作成

「新しいアイテム」画面で、必要な項目を入力します。入力が完了したら「保存」ボタンをクリックします。

●新しいアイテム

保存すると、入力した内容でアイテムが登録されました。

●アイテムが登録された

「新しいアイテム」で入力する内容はリスト内の列で設定できます。
列の編集には、「新しいアイテム」右上アイコン をクリックして「列の編集」を選択します。
「フォームの列を編集します」画面が表示されます。この画面でチェックした項目が、「新しいアイテム」

作成時に入力させる項目になります。

● 列の編集

作成済みのアイテムの内容を変更する場合は次のように行います。

リストで、内容を変更したいアイテムをダブルクリックします。アイテムの内容が表示されるので、変更したい項目をクリックして入力します。

● 作成済みのアイテムの内容を変更する

この手順で内容を変更した場合、変更が即座に反映されます。操作を誤っても即座に反映されます。

誤保存を防止したい場合は、画面上部の「すべて編集」を選択して、編集画面を開きます。編集画面で内容変更する場合は、「保存」ボタンをクリックしない限りアイテムが変更されません。

● 「すべて編集」から内容を変更する

　リストからアイテムを削除したい場合は、削除したいアイテム右側のメニュー（…）をクリックし、表示されたメニューから「削除」を選択します。

● アイテムの削除

確認画面が表示されます。「削除」ボタンをクリックするとアイテムがリスト上から削除されます。

● 削除の確認画面

複数のアイテムを削除したい場合は、Ctrlキーを押しながらアイテムをクリックするか、次のようにリストの空白の部分でカーソルをドラッグし、範囲のアイテムを指定することもできます。

複数アイテムを選択すると画面上部に「削除」アイコン🗑が表示され、クリックするとまとめて削除できます。

● 複数のアイテムを一括で削除

削除されたアイテムは、「ごみ箱」に送られます。デフォルトの保持期間は30日間です。「サイトコンテンツ」ページの右上にあるごみ箱アイコン🗑から「ごみ箱」にアクセスできます。

● ごみ箱の表示

「ごみ箱」内を表示した状態でアイテムを選択して「削除」を選択すると、「ごみ箱」からも削除されます。
「ごみ箱」内を表示した状態でアイテムを選択して「復元」を選択すると、「ごみ箱」内のアイテムが元の場所に復元されます。「ごみ箱」から削除した場合は復元できなくなりますので注意してください。

● 「ごみ箱」内のアイテムを完全削除／復元する

Power Apps上フォームコントロールでの表示

作成したリストをPower Apps上で読み込んだ際の項目表示イメージを一部抜粋して説明します。

「選択肢」の項目

● 選択肢の項目

「選択肢」の項目はプルダウンで選択します。

ただし、Power Appsで選択肢項目を利用した場合は、リストで設定した選択肢以外にPower Apps側でも別途選択肢を追加できます。

SearchTextを利用して、リスト選択肢に存在しない値も登録できます。そのレコード（存在しない選択肢を入力した）がある間は、リストの選択肢列にもその選択肢が追加されます。

選択肢列自体はテーブル型であるため、後ろに「.Value」を付けないと選択肢の値が正常に認識されません。

「日付と時刻」の項目

● 日付と時刻の項目

「日付と時刻」の項目は、日付を入力するカレンダーと、時刻を入力するコンボボックスに分かれます。コンボボックスから選択肢を設定すれば、3時間単位や、30分単位で入力させることもできます。

「ユーザー」の項目

● ユーザーの項目

「ユーザー」の項目は、チームサイトでリストを作成した場合、同じ環境内のMicrosoft365ユーザーアカウントを検索できます。選択肢列に近く、検索して候補に表示されるユーザーを選択します。

「はい/いいえ」の項目

● 「はい/いいえ」の項目

　リストと同じく切り替えスイッチで表示されます。クリックで「はい」と「いいえ」が切り替わります。

参照の項目

● 参照の項目

　表示は選択肢列と同一です。参照する内容が変化すると、自動で選択肢も変化します。

画像の項目

● 画像の項目

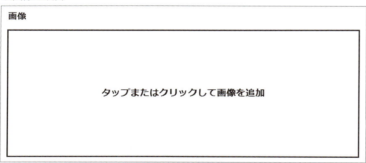

　枠内をクリックすることで、画像ファイルを添付することができます。添付できるのは1ファイルのみで、変更が可能です。

Chapter 3-4　SharePoint Online

添付ファイルの項目

● 添付ファイルの項目

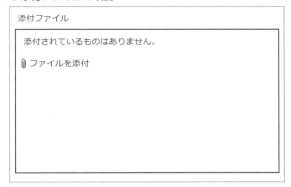

　枠内をクリックすることで、エクスプローラーから画像ファイルを添付することができます。複数ファイルを添付可能です。リストの設定からリストアイテムへのファイルの添付を有効にしている場合のみ、表示されます。
　補足として不要になった列の削除と列の表示／非表示の手順を説明します。

列の削除

　列を削除する場合は、対象の列を右クリックして「列の設定」の「編集」をクリックします。

● 列を削除する

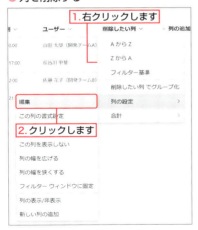

　「列の編集」が表示されます。「削除」ボタンをクリックします。確認のポップアップ画面が表示されるの

105

で、再度「削除」ボタンをクリックすると、リストから完全に列が削除されます。

●列の削除

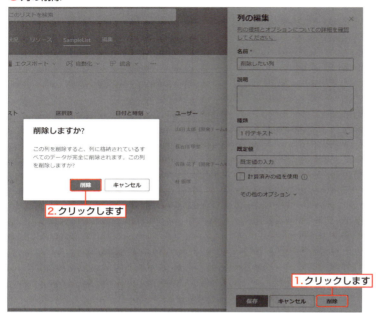

列の表示／非表示

リスト上に表示する列を設定できます。

任意の列をクリックし、「列の設定」➡「列の表示/非表示」を選択します。

リストの列一覧が表示されるので、表示する列をチェックします。「適用」ボタンをクリックすると、チェックの入っている列がリストに表示されます。

● リスト画面の表示項目の変更

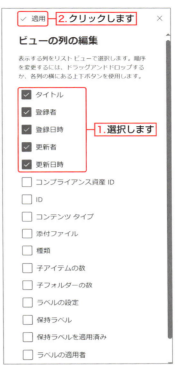

タイトル ∨	テキスト ∨	選択肢 ∨	日付と時刻 ∨	ユーザー ∨
あいう	テスト	選択肢 1	2024/03/04 7:00	山田 太郎（開発チームA）
ABC	Test	選択肢 2	2024/03/05 0:00	長谷川 甲斐
タイトル	テキスト	選択肢 3	2024/03/27 10:00	佐藤 花子（開発チームB）
テスト	サンプル	選択肢 2	2024/02/27 4:30	桂 飯塚
SharePoint	あああ	選択肢 2	2024/03/08 6:30	桂 飯塚

TOPIC　リスト画面項目の順番の変更

「ビューの列の編集」画面で上から表示されている項目の順番で、リスト画面では左から項目が表示されます。「ビューの列の編集」画面の項目の順番はマウスでドラッグして入れ替えできます。リスト画面に表示列が収まりきらない場合などは、重要な情報が左に表示されるようにこの画面で変更すると便利です。

サイトの設定

サイトを利用する際に確認・設定したほうがよい項目を説明します。

サイトへのアクセス許可

ユーザー、グループ単位で、サイトへのアクセス権限を設定できます。

アプリのデータソースとしてリストを利用する場合、そもそもサイトへのアクセス権限がなければ、データを表示・編集することができません。そのため、アプリを利用するユーザーへサイトのアクセス権限を割り当てておく必要があります。

サイトのアクセス許可は画面右上の ⚙（設定）アイコン➡「サイトのアクセス許可」を選択することで確認できます。

「サイトの共有」ボタンをクリックすると、アクセスを許可するユーザやグループを選択し、追加することができます。

● サイトのアクセス権限の確認

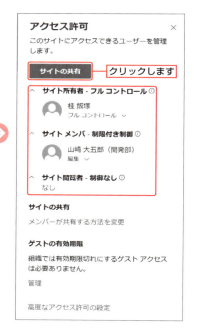

Chapter 3-4　SharePoint Online

サイトのアクセス許可のイメージは次のとおりです'。

「**サイト所有者 - フルコントロール**」は、サイト内のすべてのコンテンツへのフルアクセス（作成・削除・閲覧）が可能な権限です。サイトにアクセスできるユーザーを追加することもできます。

「**サイトメンバ - 制限付き制御**」は、リストとドキュメントへのフルアクセスが可能な権限です。

「**サイト閲覧者 - 制御なし**」は、リストとドキュメントの閲覧と、ドキュメントのダウンロードができる権限です。

●アクセス権限のイメージ

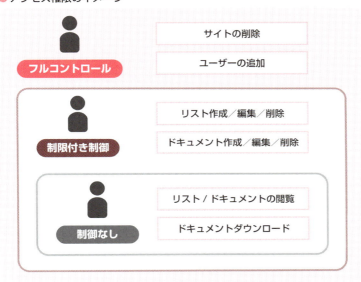

●サイトのアクセス許可

種類	設定例	コントロール権限（既定）
サイト所有者 - フルコントロール	管理者	すべてのサイトコンテンツ、設定にアクセス可能
サイトメンバ - 制限付き制御	関連部署	サイトコンテンツの作成、編集、削除が可能
サイト閲覧者 - 制御なし	—	サイトコンテンツの閲覧。ダウンロードが可能

　サイトを作成したユーザが自分自身である場合は、最初からフルコントロール権限があります。所有者に追加してもらった場合は、アクセスレベルに応じた制御がかかっています。自身がフルコントロールを付与されていない場合にできない操作があることは認識しておきましょう。

　Power Appsのアプリ利用者でアプリからSharePoint Onlineリストへのアイテム追加や編集が必要な場合、「サイトメンバ - 制限付き制御」権限が必要になってきます。

　ただし、サイトメンバ権限では、アイテムだけではなくリストの新規作成や編集削除もできます。アイテ

109

ムの追加編集のみの権限としたい場合は、次のように設定して権限を制限しましょう。

権限の変更は、「アクセス許可」の「高度なアクセス許可の設定」から行います。

変更したい権限グループを選択し、「ユーザー権限の編集」を選択します。投稿のみの権限を与える場合は、「権限の編集」画面で「投稿」にチェックを入れます。

●アクセス権限の編集

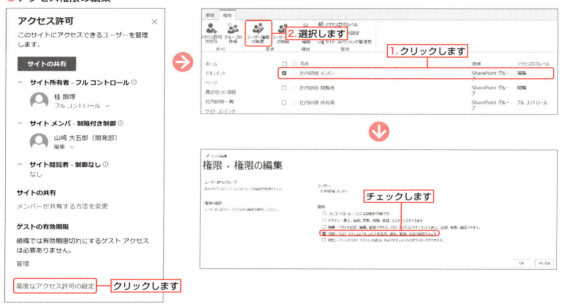

地域・時間設定

リストの日付列を入力した際に時間がずれている場合は、サイトのタイムゾーン設定を確認してみましょう。

画面右上の ⚙ （設定）アイコン ➡「サイト情報」➡「すべてのサイト設定を表示」を選択します。

Chapter 3-4　SharePoint Online

● 「すべてのサイト設定を表示」を選択

「サイトの設定」画面が表示されました。
「サイトの管理」欄の「地域の設定」を選択します。

● 「地域の設定」を選択

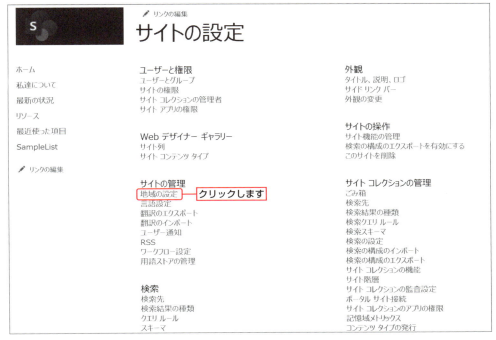

タイムゾーンを確認します。日本時間に設定する場合はタイムゾーンが「(UTC+09:00) 大阪、札幌、東京」に設定されている必要があります。異なるタイムゾーンに設定されている場合は、正しいタイムゾーンを選択し、設定し直してください。

● タイムゾーンの設定

リストの設定

SharePoint Onlineサイトは、次のような階層構造になっています。
リストはサイトで設定したアクセス権限を継承します。

● SharePoint Onlineサイトの階層構造

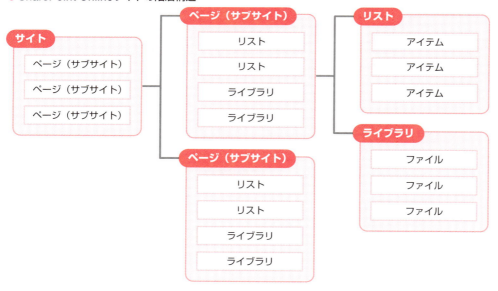

　直接操作して欲しくないリストがある場合などは、リストやアイテムを対象として、サイトとは異なるアクセス権限を個別に設定できます。

アクセス権限の設定

個別にアクセス権限を設定する方法を開設します。

対象リストを表示した状態で画面右上の ⚙（設定）アイコン ➡「リストの設定」を選択します。

● 「リストの設定」を選択

リストの設定画面が表示されます。

「権限と管理」欄の「このリストに対する権限」を選択します。

● 「このリストに対する権限」を選択

権限設定ページが表示されます。初期状態では親の権限（サイトのアクセス権限）を継承しています。「権限の継承を中止」をクリックして継承を外します。

● 「権限の継承を中止」をクリック

「アクセス許可の付与」をクリックして、設定したいユーザー名かメールアドレスを入力し、「共有」ボタンをクリックするとアクセス許可を付与できます。

● アクセス許可の付与

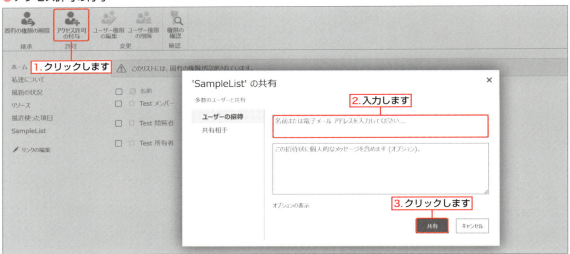

継承中止中に設定可能な項目は「固有の権限の削除」「アクセス許可の付与」「ユーザー権限の編集」「ユーザー権限の削除」「権限の確認」などです。

● 継承中止中に設定可能な項目

● 継承中止中に設定可能な項目の内容

項目	説明
固有の権限の削除	固有の権限設定を削除し、サイトアクセス権限の継承に切り替えます。
アクセス許可の付与	特定のユーザー、グループに権限を付与します。
ユーザー権限の編集	選択したユーザー、グループのリスト権限を編集します。
ユーザー権限の削除	選択したユーザー、グループのリスト権限を削除します。
権限の確認	ユーザー、グループを検索し、リストに対する権限を確認します。

　なお、権限を持つユーザー、グループをすべて削除した場合、誰も該当のリストを編集することができなくなるので注意してください。

アイテムごとの権限設定

「アイテムごとの権限」では、「読み取りアクセス権」と「作成/編集のアクセス権」を設定できます。
　リストを表示し、右上の⚙アイコンからリストの設定を選択します。「全般設定」画面で「詳細設定」を選択しましょう。

● 「詳細設定」を選択する

●アイテムごとの権限

●「アイテムごとの権限」の詳細

読み取りアクセス権	作成/編集のアクセス権
すべてのアイテム	すべてのアイテム
ユーザー本人が作成したアイテム	ユーザー本人のアイテム
-	なし

　基本は「すべてのアイテム」になっており、この状態ではアイテムの権限はサイトおよびリストのアクセス権限に準拠しています。

　サイト管理者のみが使用したいリストなどは、読み取りアクセス権を「ユーザー本人が作成したアイテム」にして、作成/編集のアクセス権を「なし」にすることで、設定したリストは制限つき制御権限を持つユーザーでもアイテムを確認できなくなります。

 Power Automateを利用した権限変更

Part5で解説する「**Power Automate**」でアイテムごとに権限を変更することができます。これは、例えば承認ワークフローのような使い方をしたい場合に利用します。

ワークフローでは「申請」として新規アイテムを作成しますが、「承認」中や後は、申請者に編集させたくない、ということがあると思います。その場合は「Power Automateで申請者の編集権をはく奪する」といったことが可能です。そのため、承認中に申請内容を変更してしまったという事態を防ぐことができ、ガバナンスの維持向上にもつながります。

Power Appsアプリの作成

ここでは、PwerAppsのアプリの作成を実際に行っていきます。基本的にはGUIで順を追っていけば、簡単に作成できます。利用者側の目線に立って作成することを意識していきましょう。

Chapter 4-1	画面作成①―画面作成の基本と画面遷移
Chapter 4-2	入力チェック
Chapter 4-3	変数について
Chapter 4-4	画面作成②―フォーム
Chapter 4-5	画面作成③―ギャラリー
Chapter 4-6	予約申請
Chapter 4-7	承認とテーブルの結合

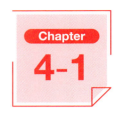

画面作成①
—画面作成の基本と画面遷移

アプリ作成に挑戦していきましょう。ここでは作成するアプリの概要と、画面作成の基本、さらに画面遷移について学びます。

画面を作成してみよう

実際にアプリを作成していきましょう。
本書では「社内研修登録・予約・受付」業務を行うアプリを作成します。
今回のアプリでは次の業務を実現します。

❶ 社内研修を実施する部署／チームが社内研修をアプリに登録する。
❷ 受講者は社内研修に受講申請をする。
❸ 受講者の上長が受講申請を承認する。（受講予約完了）
❹ 社内研修を実施する部署／チームが受講者の状況を確認する。

上記のように細分化すると「登録」「申請」「承認（予約）」「確認」の4つの業務に分かれます。
今回は業務画面を複数作成するため、メイン画面と各業務に応じた画面を作成します。メイン画面を作成することで利用者の用途に合わせて画面遷移ができるため、アプリを利用しやすくなります。

●画面遷移のイメージ

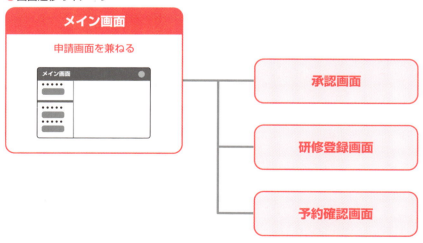

メイン画面作成

まずは、**メイン画面**から作成していきましょう。

メイン画面には、「申請機能」と「他画面へのリンク」と「申請した社内研修の承認状況確認するための情報」を表示します。また、利用者が現在どの画面にいるのか判断するために画面名情報も必要です。画面名はサイドバーから変更できます。

● 画面名設定

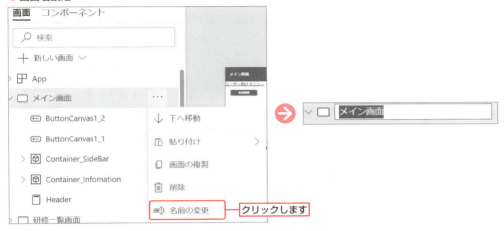

必要な要素を組み合わせて作成した、メイン画面の完成イメージが次の画像です。

● メイン画面の完成イメージ

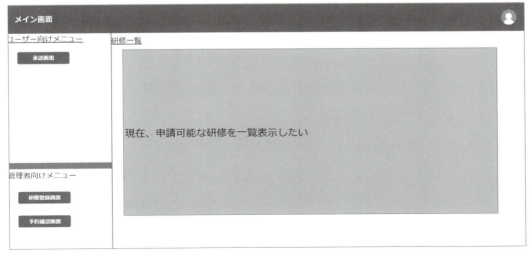

メイン画面は大きく次の3つの領域に分かれました。

- 画面上部に、画面名などの情報を保持するヘッダー領域
- 画面左側に、他画面へのリンクなどを配置するサイドバー領域
- 画面右側に、研修の一覧を表示する領域

ヘッダー領域の作成

まずはヘッダー領域から作成します。

Power Apps Studioの「**ヘッダー**」コントロールを挿入します。左サイドバーの＋（挿入）をクリックして「ヘッダー」コントロールを選択すると、画面上部に項目が追加されます。

ヘッダーコントロールを使わずに、他のコントロールを使って自身でヘッダーを作ることも可能ですが、便利なので活用していきましょう。

●ヘッダーコントロールの挿入

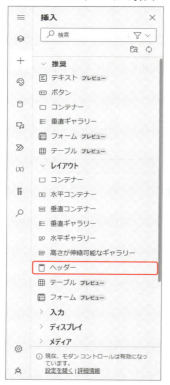

ヘッダーは前ページの図のように「ロゴ」「画面名」「ユーザー情報」で構成されています。

今回「ロゴ」はオフにして表示しないようにします。ロゴを非表示に変更するには、ロゴの下部にあるプロパティの可視性をオフ（「なし」）にします。

「画面名」は「Title」プロパティで設定します。今回は初期値の「App.ActiveScreen.Name」のままとし、App関数からActiveScreen（現在の画面）のName（名前）を取得しています。現在の画面なので、他の画面を表示した場合に画面名も変わります。なお、設定した画面名をそのまま取得してくるので、都合が悪ければTitleプロパティの値に文字列（表示したい文言をダブルクォテーションで囲う）を設定しても問題ありません。

右端の「ユーザー情報」は初期値のままとしています。ユーザー情報はUser関数で情報を取得しており、フォーカスするとメールアドレスやユーザー名が表示されます。

サイドバー領域の作成

次に画面左側のサイドバー領域を作成しましょう。ヘッダー領域と同様に必須ではないですが、領域の区分けに便利なので、「**コンテナー**」コントロールを活用します。

コンテナーコントロールは画面の領域を区分けることができ、また、コンテナーの中に複数のコントロールを登録することができます。コンテナー中に登録されたコントロールはコンテナー外に移動できないため、項目のサイズや位置などを管理しやすいメリットがあります。

コンテナーコントロールには、通常の「コンテナー」の他に「**水平コンテナー**」「**垂直コンテナー**」があります。水平コンテナーと垂直コンテナーには、項目位置の自動調整設定などが含まれます。水平コンテナーは挿入したコントロールの位置を自動で横並びに、垂直コンテナーは縦並びに調整されます。

今回は自由度を加味して通常のコンテナーを利用します。

● コンテナーコントロールの挿入

次の図のように、画面とコンテナー、コントロールは階層構造で表現できます。
　画面が親でコンテナーが子、コンテナーが親でコンテナー下に配置されたコントロールは子ということになります。

●画面とコンテナー、コントロールは階層構造になっている

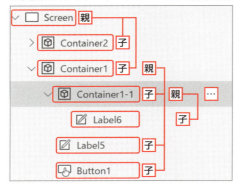

　この親子関係はプロパティの設定値としても活用できます。子から見た場合に親は1つなので「Parent」関数を使い、親の設定値を流用することができます。
　親である画面と同じ高さのコンテナーにしたい場合は、コンテナーの「Height」プロパティに「Parent.Height」を設定することで、親である画面の高さ設定値に合わせることができます。

●コンテナーのHeightプロパティにParent.Heightを設定

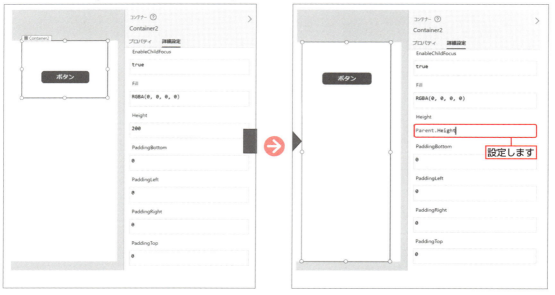

Parent関数の利用用途を次の表にまとめました。高さや幅など画面の見た目に関する設定をおこないます。

●**Parent関数の利用用途**

設定値	内容
Parent.Height	親コントロールや画面の高さを指定します。
Parent.Width	親コントロールや画面の幅を指定します。
Parent.X	親コントロールの横軸の開始位置を指定します。
Parent.Y	親コントロールの縦軸の開始位置を指定します。
Parent.Default	フォームコントロールで利用します。値の初期値を指定します。

フォームコントロールを利用するときに「Parent.Default」を用います。フォームコントロールはChapter 4-4で解説します。

■ ユーザー用／管理者用のテキストラベルとボタンの追加

画面にサイドバーとしてコンテナーを追加したら、ユーザー向けと管理者向け用にそれぞれテキストラベル、ボタンを追加しましょう。

今回は、サイドバー用のコンテナーに次のような設定をします。

●**サイドバー用コンテナーの設定項目**

プロパティ	設定内容	設定値例
X	横軸の開始位置 画面左端にする	0
Y	縦軸の開始位置 ヘッダーと被らないようにする	ヘッダー名.Height ヘッダーのYは0のため、ヘッダーのHeightを利用
Height	画面の高さからヘッダー分を除外	Parent.Height - ヘッダー名.Height
Width	サイドバーなので小さめに設定	Parent.Width/5 画面幅の5分の1
BorderThickness	他領域との境界線を表示する目的	1 0であれば線はなし

テキストラベルコントロールとボタンコントロールのTextプロパティに表示するテキストを設定します。

直接値を設定する場合はダブルクォーテーションを忘れないようにしましょう。

各ボタンの大きさを統一したい場合などは、他のボタンの設定値を参照するといいでしょう。ボタンAとボタンBの大きさを合わせたい場合、ボタンAのHeightとWidthを任意の値に設定した後、ボタンBのHeightをボタンA.Height、WidthをボタンA.Width とすると統一できます。

メイン画面は画面右側の領域が残っていますが、この領域に表示する情報は他の画面を作成しないと材料が集まらないのでChapter 4-5で後述します。

●テキストラベルとボタンを設定した

画面遷移

ボタンをクリックしたら**画面遷移**できるように設定します。

メイン画面からの遷移先の画面を作成します。ここでは「研修登録画面」を作成し、ヘッダーを同様に追加しておきます。

画面名の設定は「メイン画面」と同じ手順で設定します。「新しい画面」を選択すると、作成する画面のレイアウト候補やテンプレートが表示されます。

今回は「空のレイアウト」を選択しますが、画面の構成に沿ったレイアウトを選択するのもいいでしょう。

●遷移先画面の作成のため「新しい画面」を選択

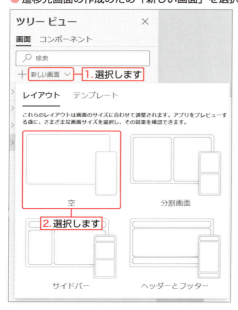

遷移先画面が作成されます。

● 研修登録画面

メイン画面から画面遷移できるように、メイン画面のボタンを修正します。
単一のアプリ内での画面遷移は「Navigate」関数を利用します。Navigate関数の構文は次の通りです。

◆ Navigate関数

Navigate(遷移先画面名,遷移時の画面効果(省略可),作成するコンテキスト変数（省略可）)

遷移時の画面効果（左から画面が現れるアニメーション効果など）を指定できます。省略した場合は効果なしで瞬時に画面が切り替わります。
作成するコンテキスト変数は省略できますが、指定した場合は遷移元画面の変数値を遷移先画面へ引き継ぐことができます。
メイン画面の「研修登録画面」ボタンをクリックしたときに該当画面に遷移するように設定したいので、「研修登録画面」ボタンの「OnSelect」プロパティに Navigate 関数を設定します。

● Navigate関数を設定する

ちなみに、Navigate関数内の遷移先画面名設定の際は候補が表示されます。そのため入力ミスなどは起こりにくくなっています。

● 遷移先画面の候補が表示される

以上の設定で、メイン画面から研修登録画面に遷移できるようになりました。

ただし、これまでの設定では遷移後に元画面に戻ることができない状態です。実際の利用時には不便が生じます。そこで、遷移先の画面に元画面に戻れるボタンを追加しましょう。

コントロールに「⬅戻る矢印」があるので利用します。

● 「戻る矢印」を追加する

コントロールを追加したら、OnSelectプロパティに次の関数を設定します。

```
Back()
```

Back関数は遷移元の画面に戻ることができる関数です。遷移元の画面名を指定する必要はありません。

● 研修登録画面に戻るボタンが追加された

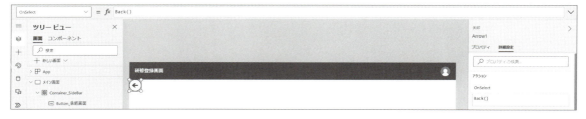

なお、Back関数でなく、画面名を指定すればNavigate関数でも遷移できます。遷移元が複数のパターンとなる場合にはBack関数を、特定の画面に戻る場合はNavigate関数を使うようにするとよいでしょう。

入力チェック

入力フォームでは、情報を入力しないとエラーになるよう「入力チェック」を設定できます。情報入力のチェックや、エラーになったときにボタンクリックができなくなる設定などを詳しく解説します。実際のフォーム画面作成はChapter 4-4で実施します。

入力チェックについて

入力コントロールを必須入力（フォームに入力しないとエラーになる）にしたい、数値だけが入力できるようにするなど、入力値を制御したい場面があります。その場合は「**入力チェック**」を利用しましょう。

データソース側での入力チェック設定

必須入力をデータソース側で設定しておくと、Power Apps上で入力せずに保存しようとするとエラーになります。SharePoint OnlineリストであればSharePointリストの設定から「この列に情報が含まれている必要があります」のオン／オフで設定ができます。

●必須入力の設定

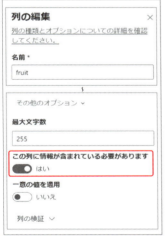

●エラー表示

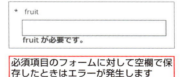

必須項目のフォームに対して空欄で保存したときはエラーが発生します

その他の入力チェックとして「数値以外の値を入力させたくない場合」も同様にデータソース側で設定しておくと、Power Apps上で入力制御できます。

条件一致時のみ入力チェックする

しかし、例えば一時保存したいときは値を入力チェックせずにデータソースへ保存させたい、複雑な条件で入力チェックしたいといった場面もあります。

その場合は、データソースの設定ではなくPower Apps側でIf関数を利用し、条件一致時のみ入力チェックを行うと実現できます。

一時保存をオンにしているときは入力チェックを行わずに保存させ、一時保存オフのときは全項目に入力していなければエラーにする設定を試してみます。

エラーにするタイミング次第で手法が変わるため、次の2パターンを紹介します。

❶ 常時チェックし、エラーがなければボタンクリック可能にする。
❷ ボタンクリック時にチェックし、エラーがあればデータ保存不可とする。

エラーメッセージの表示方法も複数パターンがありますが、今回はボタンの横にテキストラベルでエラーメッセージを表示する方法にします。

● エラーメッセージの表示

❶ 常時チェックし、エラーがなければボタンクリック可能にする

このパターンでは、エラーがないときはエラーメッセージを表示しないようにすればよいので、「Visible」プロパティを利用します。

Visibleプロパティの既定値はtrueですが、falseだと項目が非表示になります。

ここでまずは「果物」項目のみチェックしてみましょう。チェックにはIf文を使います。構文は次のとおりです。

◆ If文

If(条件,条件一致(true)時の値,条件不一致(false)時の値)

果物項目に値が入っているときはfalse、入っていないときはtrueにします。

● 値がないとき

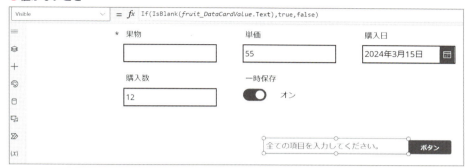

● 値があるとき

「IsBlank」関数は値が空かどうかをチェックする関数です。
構文は次のとおりです。

◆ IsBlank関数

IsBlank(チェックする対象)

条件は「全項目が空白でないこと」かつ「一時保存がオフのとき」なので、条件を追加します。
複数条件にする関数である「And」関数と「Or」関数を使います。
And関数はAかつBの時にtrue(false)にします。
Or関数はAまたはBのときにtrue(false)にする関数です。
構文は次のとおりです。カンマで区切れば条件を追加できます。

◆ And関数とOr関数

And(条件1,条件2,条件3)
Or(条件1,条件2,条件3)

今回の場合は、どれか1つでも空欄でかつ一時保存がオフの場合にエラーにすることになるため、次のとおりです。

`If(And(Or(IsBlankで項目が空かをすべての項目でチェック),一時保存がfalse),エラーにする,エラーにしない)`

なお、一時保存項目の名称は「draft save_DataCardValue」ですが、名称に空白が含まれる場合は指定するときにシングルクォテーションで囲う必要があります。
「'draft save_DataCardValue'」と指定します。

●And関数とOr関数を設定した

TOPIC

テキストの書式設定

「**テキストの書式設定**」を選択すると計算式を見やすいようにフォーマットしてくれます。活用してみましょう。

●テキストの書式設定

```
If(
    And(
        Or(
            IsBlank(fruit_DataCardValue.Text),
            IsBlank(price_DataCardValue.Text),
            IsBlank(purchasedate_DataCardValue.SelectedDate),
            IsBlank(number_DataCardValue.Text)
        ),
        'draft save_DataCardValue'.Value = false
    ),
    true,
    false
)
```

これで、条件に一致した場合はエラーメッセージが表示されるようになりました。

● エラーメッセージが表示されるようになった　　● 入力に問題がない場合はエラー表示されない

 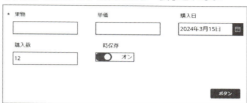

ただし、このままだとエラーメッセージが表示されるだけでボタンをクリックできてしまうので、エラー時はボタンをクリックできないようにします。

ボタンクリックができないようにするにはDisplayModeプロパティを利用します。エラー時はDisplayMode.Disabledにすることでボタンクリックできなくなります。

DisplayModeに先ほどと同じ条件を設定しても動作するのですが、仮に条件を変更したい場合に、同じ修正を2か所に実施する必要があり、メンテナンス性が悪くなります。

この場合はエラーメッセージが表示されているときはクリック不可ということなので、エラーメッセージのVisibleがtrueのときにボタンがクリック不可になるようにしましょう。

なお、計算式内では行頭にスラッシュ2つ（//）を記述すると、その行をコメントできます。

● 不要な行をコメントにした

エラーメッセージが表示されていないときはボタンをクリック可能で、表示されているときはクリックできないようになりました。

● ボタンが押せる状態　　● ボタンが押せない状態

131

❷ ボタンクリック時にチェックし、エラーがあればデータ保存不可とする

　エラーメッセージは同じ箇所に表示するため、こちらでも引き続きエラーメッセージのVisibleプロパティを利用します。

　ただしボタンクリック後でないとメッセージを表示しないようにする必要があります。そのため、Visibleプロパティ内にエラー条件を設定するのではなく、ボタンのOnSelectプロパティ内で設定する必要があります。

　OnSelectプロパティで入力チェックを行った後に、Visibleプロパティがエラー有無の情報を得る必要があるため、「**変数**」を使って対応してみましょう。

● 変数を使って対応する

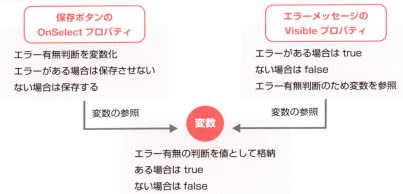

　変数に関する詳細な説明は次節で解説します。ここでは変数を使った処理の実例を解説します。

　変数は「画面項目ではないけれど、アプリの裏側で値を保持できる項目」と考えてください。

　保存ボタンのOnSelectプロパティにIf関数、変数作成の為のSet関数、保存できたかどうかわかりづらいため、メッセージを出すためにNotify関数を設定します。

　Set関数の構文は次のとおりです。

◆ Set関数

Set(変数名, 変数の値)

　変数にも種類があり、Setの場合はアプリ全体で利用できるグローバル変数を扱います。

　Notify関数の構文は次のとおりです。

Chapter 4-2　入力チェック

◆ Notify関数

Notify(表示メッセージ内容 , 表示タイプ , 表示時間（ミリ秒）)

表示タイプ（NotificationType）は次の種類があります。

● 表示タイプの種類

タイプ	内容
NotificationType.Error	エラーとして表示します。
NotificationType.Information	情報提供として表示します。既定値です。
NotificationType.Success	成功として表示します。
NotificationType.Warning	警告として表示します。

表示時間の既定値は10秒（10,000ミリ秒）です。

If関数でエラーがある場合は、変数errChkにtrueを設定し、エラーメッセージを表示します。

エラーがない場合は、変数errChkにfalseを設定して、成功メッセージを表示し、保存処理を実行します。

● OnSelectプロパティの設定

```
//一時保存がオフのとき全項目に値が入っていないとエラーにする。
```
コメントにする場合は、ダブルスラッシュを先頭に記述します。コメントは処理されません

```
If(
    And(
        Or(
            IsBlank(fruit_DataCardVaLue_1.Text),
            IsBlank(price_DataCardVaLue_1.Text),
            IsBlank(purchasedate_DataCardVaLue_1.SelectedDate),
            IsBlank(number_DataCardVaLue_1.Text),
        ),
        'draft save_DataCardVaLue_1'.Value=false
    ),
```
エラーの条件

名称に空白が含まれる場合は、シングルクォーテーションで囲みます

条件に一致（true）の場合の処理
```
    Set(errChk,true);
    Notify("エラーがあるため保存しませんでした",NotificationType.Error),
```
変数「errChk」にtrueを設定　　処理が複数ある場合は、セミコロンで区切ります
エラーメッセージ

条件に不一致（false）の場合の処理
```
    Set(errChk,false);
    SubmitForm(Form2_1);
    Notify ("保存しました",NotificationType.Success)
)
```
変数「errChk」にfalseを設定
保存処理
成功メッセージ

変数errChkの値を参照して、画面エラーメッセージのVisibleプロパティを設定します。

errChkがtrueの場合に表示したいのでtrue、falseの場合には表示させたくないのでfalseで設定します。

同一値なので、Visibleプロパティには変数errChkをそのまま設定します。

● **Visibleプロパティの設定**

| Visible | = | fx | errChk |

挙動の確認

では、挙動を確認してみましょう。

● **エラー時**

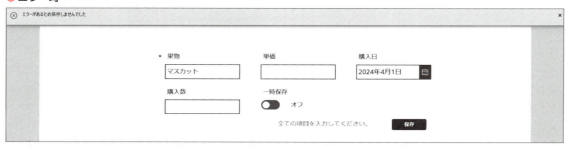

上部にエラーメッセージが表示され、画面内にも表示されました。

● **成功時**

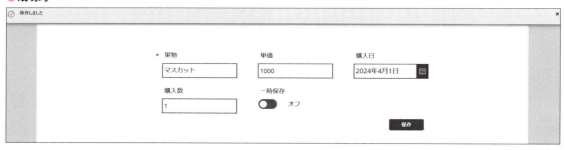

上部に成功メッセージが表示され、画面内のメッセージが消えました。
SharePoint Onlineリストにもデータが追加されています。

Chapter 4-2　入力チェック

● SharePoint Onlineリスト

SampleList ☆

fruit ⌄	price ⌄	number ⌄	purchase date ⌄	draft save ⌄
マスカット	¥1,000	1	2024/04/01	
みかん(編集)	¥55	12	2024/03/15	✓
ぶどう	¥500	3	2024/03/28	✓
いちご	¥600	2	2024/04/18	
バナナ	¥250	2	2024/04/09	✓

　このように変数を使うことで、プロパティの処理結果を他のプロパティに影響させることができます。

　変数は画面項目として存在する必要がないので、入力チェックなど裏側で処理をしておきたい場面で重宝します。

　入力チェックを行うと業務上想定し得ないデータの入力を防ぐことができるので、画面項目を作成する場合は行うようにしましょう。

Chapter 4-3

変数について

プログラミング経験がある人は既知だと思いますが、変数という便利な仕組みがあります。ここでは変数の概要と、Power Appsで変数を利用する方法について解説します。

変数について

「**変数**」とは、アプリ内で一時的にデータや関数の演算結果を保持する仕組みです。同様の処理や演算処理結果を複数のコントロールやプロパティで使う場合に変数を利用します。

また、変数はデータを保持できますが、画面項目外でも定義できるので、バックグラウンドでデータを利用したいときにも利用できます。

主要な変数は、次の関数を用いて作成できます。

● 変数が作成できる主要な関数

関数	変数
Set	グローバル変数を作成します。グローバル変数はアプリすべての画面で利用できます。 **構文** Set(変数名, 変数の値)
UpdateContext	コンテキスト変数を作成します。 コンテキスト変数は現在表示している画面でのみ利用できます。 一つの関数で複数のコンテキスト変数を作成可能です。 **構文** UpdateContext({変数名1: 変数の値1, 変数名2: 変数の値2})
With	ローカル変数を作成します。 ローカル変数はWith関数の数式内、数式を設定しているプロパティ内でのみ利用できます。 **構文** With({変数名1: 変数の値1, 変数名2: 変数の値2}, 実施する処理)
ClearCollect	コレクションを作成します。コレクションはアプリすべての画面で利用できます。 テーブルデータを保持でき、データをレコード単位で操作できるようになります。 **構文** ClearCollect(コレクション名, テーブル値)
Formulas	関数ではなくAppのプロパティですが同じ用途で利用できます。 「名前付き計算式」という機能であり、ここで定義した計算式はアプリすべての画面で利用できます。 **構文** 計算式名 = 計算式（関数など）;

変数を利用した例

さっそく、変数を作成して画面に値を表示しましょう。

Chapter 3-2「関数・型について」のDateAdd関数で作成した値を変数にしてみます。比較のために、With関数とClearCollect関数を除き、Set関数、UpdateContext関数、Formulas関数で変数を作成します。

関数は日付の選択をトリガーに計算するため、関数を設定するプロパティを考慮する必要があります。また、変数は関数が呼び出されるたびに計算されます。つまり、変数の計算タイミングは「日付を選択した」タイミングであるため、ここでは日付A項目のOnChangeプロパティで関数を設定します。

OnChangeプロパティに次の関数を設定します。

今回は比較のためにSet関数とUpdateContext関数の2つを設定しますが、関数が複数になる場合は1つ目の行末にセミコロン(;)をつけ、2つ目の関数を続けて設定します。

```
Set(result_Set,DateAdd(日付A.SelectedDate,7,TimeUnit.Days));
UpdateContext({result_UpdateContext:DateAdd(日付A.SelectedDate,7,TimeUnit.Days)})
```

●OnChangeプロパティにSet関数とUpdateContext関数を設定

App.Formulasプロパティは次のとおりです。

```
result_Formulas = DateAdd(日付A.SelectedDate,7,TimeUnit.Days);
```

● App.Formulasプロパティ

各Text.プロパティには各関数およびFormulasプロパティで定義した変数名を設定しています。

● Text.プロパティに関数名をそれぞれ設定

● 設定した変数とTextプロパティ

項目	Textプロパティ
変数なし	DateAdd(日付A.SelectedDate,7,TimeUnit.Days)
Set関数 グローバル変数	result_Set
UpdateContext関数 コンテキスト変数	result_UpdateContext
App/Formulasプロパティ 名前付き計算式	result_Formulas

結果は、次のようにすべて問題なく動作しました。

● 変数を画面に表示できた

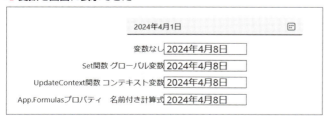

ただし、コンテキスト変数は現在の画面でのみ有効な変数のため、別の画面で設定したコンテキスト変数を呼び出してもエラーになってしまうので、注意してください。

関数と計算式の処理の違い

Set関数とUpdateContext関数は日付を変更するたび（OnChangeプロパティ）に呼び出しますが、Formulasの名前付き計算式がそうではないことに疑問を持つかもしれません。これは、Formulasが値ではなく計算式そのものを呼び出しているためです。

Set関数で設定した変数result_Setは、値である「2024年4月8日」を持っています。

UpdateContext関数で設定した変数result_UpdateContextも同様に値である「2024年4月8日」を持っています。

一方で、Fromulasで設定した計算式result_Formulasは、計算式そのものである「DateAdd(日付A.SelectedDate,7,TimeUnit.Days);」を持っています。

そのため、result_Formulasを呼び出した段階で値が計算されるといった流れになります。

この作用の流れをイメージするために、7日の加算を計算して実施してみます。

加算する日数を入力する項目「日数B」を作ります。

各変数の式を次のように修正しましょう。

```
DateAdd(日付A.SelectedDate,日数B.Value,TimeUnit.Days)
```

日付（「2024年4月1日」）➡日数（「7」）の順番で入力してみると、同じ結果になりません。Set関数とUpdateContext関数は想定（＋7日）とは異なる値になりました。

●Set関数とUpdateContext関数は入力した日付がそのまま表示される

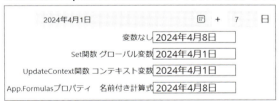

OnChangeプロパティを動作させるために日付の値（下図の「2024年4月2日」）を変更してみると、想定通りの結果になります。

●日付の値を変更するとすべて＋7日で表示された

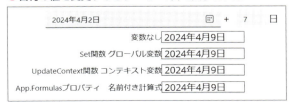

これは日数BのOnChangeプロパティに関数を設定していないためです。

日数BのOnChangeプロパティに同様の関数を設定してみると、日付➡日数の順番で入力しても想定通りの結果にすることができます。

Set関数のグローバル変数、UpdateContext関数のコンテキスト変数の値を変更するためには、再度関数を呼び出す必要がある、ということになります。

これは、複数の項目に同内容の関数を設定することになり効率も悪くなってしまいます。

変数なし（プロパティに直接関数を記載）とFormulasは値が最新化され、結果的に開発量も少なくなります。その代わり、毎回計算するためパフォーマンス（アプリの応答速度）などに多少影響が出ます。しかし、処理が多過ぎなければ気にしなくていいレベルです。

変数なし・グローバル変数・コンテキスト変数の使い分け

とはいえ、グローバル変数やコンテキスト変数の利用を推奨しないわけではありません。使い分けをしていくことが重要です。

ここでは解説しませんが、コレクションやWith関数によるローカル変数も含めると次の使い分けになります。

● 変数なし・グローバル変数・コンテキスト変数の使い分け

項目	範囲	値
変数なし	アプリ全体	動的 プロパティ値に応じて変更
	アプリ内で使いまわしがない処理であり、値を動的に変えたい場合	
Set関数 グローバル変数	アプリ全体	静的 変更したい場合は再定義が必要
	アプリ内で使いまわしたい固定の値がある場合	
UpdateContext関数 コンテキスト変数	1画面	静的 変更したい場合は再定義が必要
	画面内で使いまわしたい固定の値がある場合	
App/Formulasプロパティ 名前付き計算式	アプリ全体	動的 利用するたびに再計算
	アプリ内で使いまわしたい処理であり、値を動的に変えたい場合	
With関数 ローカル変数	プロパティ内	動的 他プロパティなどで使い回せない
	プロパティ内で処理値を使いまわしたい場合	
ClearCollect関数 コレクション	アプリ全体	静的（テーブル値） 変更したい場合は再定義やCollect関数でレコード追加が必要
	アプリ内でテーブルとして変数を使いたい場合	

画面作成②—フォーム

Power Appsアプリの画面作成、フォームについて解説します。フォーム（フォームコントロール）はデータの登録（送信）に利用します。テキストの入力やドロップダウンメニューでの項目の選択などが設定できます。

フォームの概要

Power Appsの**フォーム**はデータの登録や表示に利用できます。登録はテキスト情報や日付・時間の入力などができます。表示はデータソースに表示させることができます。

研修登録画面の項目

Chapter 4-1で作成した画面遷移先である研修登録画面を作っていきましょう。
データソースはSharePoint Onlineリストです。研修登録画面の項目は次のとおりです。

● 研修登録画面の項目

● 研修登録画面の各項目名と内容

名称	属性	概要
研修タイトル	テキスト	タイトルを入力します。
ステータス	テキスト	公開、期限切れなどを管理します。
必須／任意	テキスト	必須受講か任意受講かを入力します。
対象者	テキスト	受講対象者を入力します。
研修カテゴリ	テキスト	研修の内容を端的に示すカテゴリを入力します。
開催形式	テキスト	オフラインやTV会議などの開催形式を入力します。
開始日時	日付（時刻あり）	研修の開始日時を入力します。時刻ありです。
終了日時	日付（時刻あり）	研修の終了日時を入力します。時刻ありです。
開催場所	テキスト	研修を開催する場所を入力します。
内容	テキスト	研修内容を入力します。
予約可能人数	数値	研修に予約できる人数を入力します。
予約期限	日付	予約を受け付ける期限を入力します。
添付ファイル	ファイル	研修の補足情報としてファイルを添付します。

研修登録画面の構成は次のようにします。

● 研修等録画面の構成

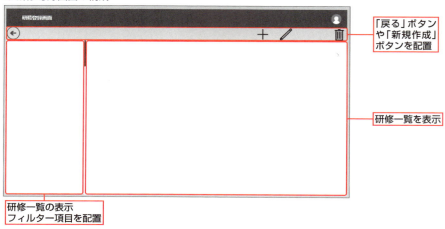

フォーム作成

研修登録用のフォームを作成します。
データソースを読み込むと、SharePoint Onlineリストの項目が自動追加されます。

● SharePoint Onlineリストの項目が自動追加された

Chapter 4-4　画面作成②—フォーム

フォームの整列

読み込み時は自動で整列された状態で表示されます。列数を変更したい場合は設定を変更しましょう。

設定変更後に自動で画面が整列されます。列数は多めに設定したほうが後から調整しやすいです。

設定した列数以上の項目数は同じ行には存在できず、自動で次の行に移るため、レイアウトが崩れやすくなるため、最大列数である12項目に設定したほうが作りながらレイアウトを考える方が簡単です。

1 項目の表示順は「フィールドの編集」から変更します。
　XプロパティとYプロパティで管理されています。

● フィールドの編集

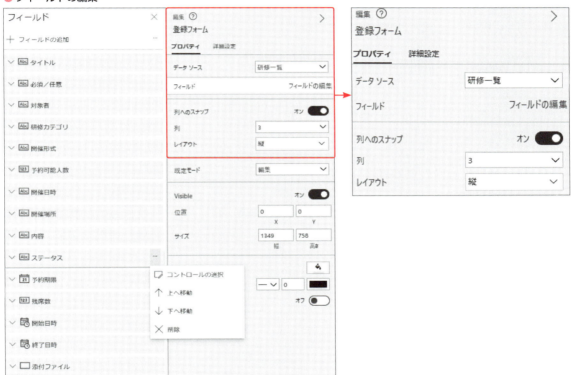

　Xプロパティ、Yプロパティは0から開始されます。「内容」項目であれば3列目の3行目なので「X=2」「Y=2」になります。

143

● 3行目の3列目のX・Yプロパティ

2 「フィールドの追加」からIDを追加しておきます。
このIDはSharePoint Onlineリストでアイテムが作成されるたびに自動で採番される一意な数字です。データの特定などで役立つので画面に表示しておきましょう。
そのほか、登録日時と更新日時も追加しておきましょう。

● IDの追加

3 項目の大きさなどが物足りないため、さらに調整していきます。
タイトルは大きくしたいので、1行にすべて表示します。項目の大きさを調整するには、「列へのスナップ」をオフにしましょう。

● 「列へのスナップ」をオフにする

Chapter 4-4　画面作成②—フォーム

TOPIC

「列へのスナップ」を有効にすると設定情報がリセットされる

「列へのスナップ」をオフにして、画面レイアウトの調整をした後にオンにすると調整内容がクリアされ自動で再整列されてしまうので気を付けましょう。

● 再び「列へのスナップ」を有効にする場合は注意が必要

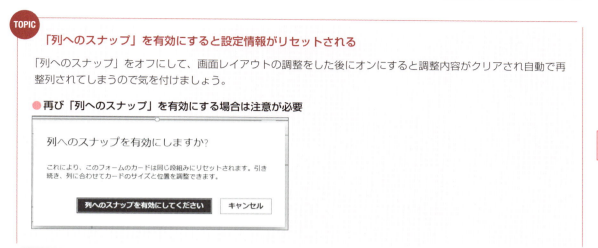

4 研修登録画面のフォームは、次のようなレイアウトで進めていくことにします。

● 研修登録画面のフォーム完成図

5 各項目は、大半がテキストによるフリー入力なので、コントロールを変更していきます。
変更したい項目と変更内容は次のとおりです。

145

●変更したい項目と変更概要

名称	変更概要
研修タイトル	文字数制限を行います。
ステータス	ドロップダウンで選択します。
必須／任意	ドロップダウンで選択します
研修カテゴリ	コンボボックスで選択します。
開催形式	ドロップダウンで選択します。
開始日時、終了日時	開始日時と終了日時を日付の選択やドロップダウンで選択します。

6 変更したい項目の中で複数行になりそうなテキストは「複数行」に変更しておきます。

●複数行に変更する

研修タイトルの文字数制限

タイトルは一行で表示したいので、枠内に収まるように**文字数制限**を行います。

フォントサイズなどにもよりますが、このレイアウトだと枠内約60文字程度です。既定ではデータソースの最大文字数が上限ですが、MaxLengthプロパティを変更することで最大文字数を変更できます。

なお、フォームで自動設定されたプロパティはロックされています。変更する場合はロック解除を行いましょう。

●ロックを解除する

最大文字数を設定したフォームは、最大文字数を超えて入力すると自動で先頭から60文字に制限され、61文字以降は削られます。

●最大文字数を設定した

ステータスなどでドロップダウンに変更

「ステータス」や「必須/任意」、「開催形式」コントロールを**ドロップダウン**に変更します。

1 ドロップダウンコントロールへの変更はフィールドの編集から行えます。フィールドの編集から「許可値」を選択すると、テキスト入力コントロールからドロップダウンコントロールに変更されます。

● 「許可値」を選択

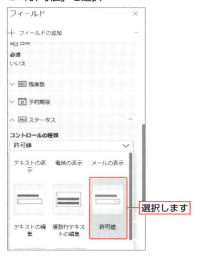

2 データソース側で選択肢を設定している場合は同じ設定が踏襲されます。
個別に設定する場合は「Items」プロパティで設定できます。「作成中」「公開」「非公開」「期限切れ」の4項目から選択する場合は、次のように記述します。

[" 作成中 " , " 公開 " , " 非公開 " , " 期限切れ "]

● Itemsプロパティで選択肢を設定する

研修カテゴリをコンボボックスに変更

「研修カテゴリ」のコントロールを**コンボボックス**に変更しましょう。

コンボボックスとは、入力もできるドロップダウンです。

フィールドの編集からはコンボボックスコントロールを利用できません。コンボボックスコントロールは個別に挿入する必要があります。

● コンボボックスコントロールの挿入

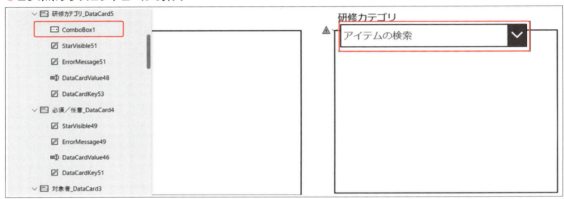

研修カテゴリのDataCardを選択・挿入すると、コンボボックスは自動でDataCardの子として作成されます。

研修カテゴリの選択肢はSharePoint Onlineリストで管理します。

研修カテゴリは、研修の内容を端的に示すキーワード（図では「外部講師」「定期開催」など）を設定します。次の図のようなSharePoint Onlineリストを作成し、コンボボックスのデータソースとして設定します。

● SharePoint Onlineリストに設定した研修カテゴリの選択肢　　● データソースを「研修カテゴリ」に設定

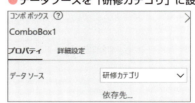

Chapter 4-4　画面作成②─フォーム

◆ **データソースに SharePoint Online リストを追加するとエラー表示される**

コンボボックスのデータソースに SharePoint Online リストを追加するとエラー⚠️が表示されます。

これは「委任」に関する警告エラーです。アプリ動作にただちに影響が出るものではないため、ここでは一旦おいておきます。

もしどうしても気になる場合は、「検索の許可」をオフにしてください（ただし、検索ができなくなります）。「委任」に関する説明は Chapter 6-8 で解説します。

● 委任に関する警告エラー

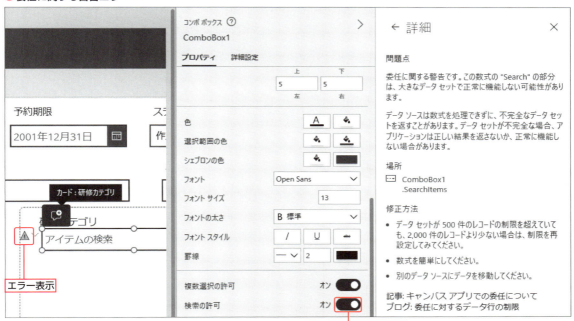

コンボボックスコントロールの考慮事項

コンボボックスコントロールを挿入してデータを入力したとしても、「フォームにデータが反映されるわけではない」「2つ同時に表示してしまうと被ってしまう」といった考慮事項があります。

ここで考慮事項について整理します。

モードごとの表示制御

フォームのモードによってコントロールを表示制御するために Visible プロパティと If 関数を利用します。フォームのモードが新規時や編集時はコンボボックスで編集したいので、DataCard の部分は非表示にし

149

ます。
　逆にフォームのモードが表示時はコンボボックスだと選択値が多い場合は見切れてしまうのでDataCardで表示しましょう。
　それぞれのVisibleプロパティに次を設定しましょう。

◆ 研修カテゴリのDataCardValueのVisibleプロパティ
　次の設定で、モードがビューの場合は表示する。それ以外の場合は表示しないようにします。

`If(登録フォーム.Mode=FormMode.View,true,false)`

◆ コンボボックスのVisibleプロパティ
　次の設定で、モードがビューの場合は表示しない。それ以外の場合は表示するようにします。

`If(登録フォーム.Mode=FormMode.View,false,true)`

　試しに新規モードで表示してみましょう。次のようにDataCardValueの枠線含めて表示されなくなりました。

● 新規モードで表示してみた

データの保存

　コンボボックスはあくまで画面UI上の入力コントロールであり、データソースに直接値を入力できません。コンボボックスの選択値をデータソースに保存するためにはUpdateプロパティを設定する必要があります。
　Updateプロパティは、既定ではDataCardValueに入力された値ですが、コンボボックスで入力された値に変更します。
　ただし、コンボボックスでの選択値はテーブル型であり、データソースはテキスト型なので加工する必要があります。Concat関数で加工しましょう。Concat関数は、データソースのデータを連結し、単一の文字

列にします。
　Concat関数の構文は「Concat(テーブル, 対象の列・式, 区切り文字)」となるので次の式になります。

```
Concat(ComboBox1.SelectedItems,Category,Char(10))
```

●Concat関数でコンボボックスに入力するデータを加工

　コンボボックスで選択されたレコードの「Category」を改行しています。Char(10)は改行を示す式です。区切り文字なのでスラッシュでもカンマでもかまいませんが、見た目をきれいにするために改行で区切っています。
　コンボボックスで選択した値が次のように表示されます。

●コンボボックスで選択した値が改行されて表示した

　SharePoint Onlineリストデータにも反映されています。
　改行は表示上省略されます。

●SharePoint Onlineリストの研修カテゴリデータ

データの編集

　コンボボックスで選んだ値でデータ保存ができましたが、保存した値を編集する場合を考慮する必要があります。コンボボックスの初期値をデータソースの保存値と紐づけましょう。
　初期値はDefaultSelectedItemsプロパティで管理しています。研修カテゴリの値なので、ThisItem.研修カテゴリで取得できそうですが、「Table値が必要です。」とエラーになります。

151

● 「ThisItem.研修カテゴリ」で取得しようとするとエラーになる

　先ほどUpdateで保存したのはテキスト型なので、テーブル型であるコンボボックスには適合できません。テーブル型に変換しましょう。
　テーブル型に変更するにはSplit関数を利用します。
　Split関数の構文は次のとおりです。

◆ Split関数

Split(対象のテキスト,区切り文字)

　Char(10)で区切ってテキスト型で登録したので、次の式で取得できます。

```
Split(ThisItem.研修カテゴリ,Char(10))
```

　現在のレコードの「研修カテゴリ」項目のテキスト値を改行が見つかるたびにテーブル値に変換しています。

● Split関数でテーブル型に変換し、研修カテゴリの値を取得

　編集モードで開くと、初期値としてコンボボックスに反映されました。

● 研修カテゴリの値が取得できた

開催日時を日付の選択、ドロップダウンコントロールに変更

　SharePoint Onlineリストで日付時刻の形式で項目を作成すると、日付は「**日付の選択**」コントロールで自動作成されます。
　「時間を含める」を「はい」にすると、時間と分がドロップダウンコントロールで自動作成されます。

Chapter 4-4　画面作成②―フォーム

● 編集で「時間を含める」を有効にする　　● 日付と時間・分を選択できる

　ドロップダウンの選択肢は時刻であれば「00」（0時）から「23」（23時）まで、分であれば「00」から「59」までが初期設定されています。
　選択肢を10分単位にしたいなど変えたい場合は、Itemsプロパティ設定で変更できます。

● Itemsプロパティで分を設定できる

```
ドロップ ダウン ?
MinuteValue1
プロパティ  詳細設定
Default
Text(Minute(Parent.Default),"00")

Items
["00","01","02","03","04","05","06",...

Val... Value
```

◆ 表示用の項目追加、表示制御
　既定での表示は次のようになっています。

● 規定の日時表示

開始日時			終了日時		
2024年3月29日	07	:10	2024年3月31日	09	:10

見づらいので、次のように表示するようにします。

2024/04/01(月) 09:00 ~ 2024/04/01(月) 10:00

　表示モードのときは「開始日時」欄に「開始日時～終了時」を表示するように変更します。既定の表示名である「開始日時」を、表示モードのときは「開催日時」と表示するようにします。
　表示の変更はDataCardKeyのTextプロパティで行います。

```
If(登録フォーム.Mode=FormMode.View,"開催日時",Parent.DisplayName
```

● DataCardKeyのTextプロパティ

Text = *fx* If(登録フォーム.Mode=FormMode.View,"開催日時",Parent.DisplayName)

テキストラベルの追加

　続いて「開始日時～終了日時」を表示するテキストラベルを追加します。
　追加したテキストラベルのTextプロパティに、次のように設定します。

● 追加したテキストラベルのTextプロパティ

```
Substitute(
    Text(
        開始日.SelectedDate,
        "[$-ja-JP] yyyy/mm/dd(ddd)",
        "ja-JP"
    ),
    "曜日",
    ""
)&開始時間.Selected.Value&":"&開始分.Selected.Value&" ~"&
Substitute(
    Text(
        終了日.SelectedDate,
        "[$-ja-JP] yyyy/mm/dd(ddd)",
        "ja-JP"
    ),
    "曜日",
    ""
)&終了時間.Selected.Value&":"&終了分.Selected.Value
```

日付型を文字列型に変換（Text変数）

日付の表示形式を指定 ja-JPで日本のフォーマットを指定 (ddd)で曜日を表示指定。 （水曜日）と表示される

日付の曜日付与

曜日という文字列を無しにする変換 （Substitute関数）

日付に時刻を付与

Chapter 4-4　画面作成②──フォーム

合わせて次のモード別の表示制御を行います。

● 開催日時の各DataCardValueプロパティ（日時分）

`If(登録フォーム.Mode=FormMode.View,false,true)`

● 終了日時のDataCard　追加した各種コントロールのVisibleプロパティ

`If(登録フォーム.Mode=FormMode.View,false,true)`

表示モードの時は「終了日時」は表示しないため、DataCardに対してVisibleプロパティを設定します。項目も前詰めされます。

● 追加したテキストラベルのVisibleプロパティ

`If(登録フォーム.Mode=FormMode.View,false,true)`

● 新規、編集モード時の見た目

● 表示モード時の見た目

その他の項目

文字サイズなどを調整します。

もし、表示専用の項目があればDisplayModeをViewに設定します。

● DisplayModeをViewに設定

| DisplayMode | = ƒx | DisplayMode.View |

◆ ボタンの設定

保存ボタンのOnSelectプロパティとVisibleプロパティを設定します。

保存は新規作成時や編集時のみ実施するため、表示時はfalseにします。

リセットボタンのOnSelectプロパティを設定します。

ResetForm関数はフォームを初期状態に戻す関数です。
Defaultプロパティの値を参照するため、編集時にクリックすると編集前の値に戻すことができます。
構文は次のとおりです。

● ResetForm関数

ResetForm(対象のフォーム)

新規モードで表示します。
　登録フォームの「既定モード」を「新規」に変更すると、アプリのプレビューが新規モードで表示されます。プレビュー▷ボタンをクリックすると確認できます。

● 規定モードを新規に変更

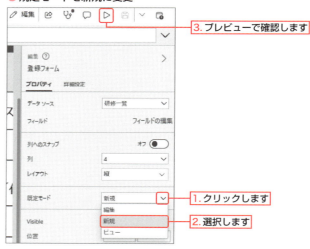

　値を入力後、リセットボタンをクリックすると、値が初期値（この場合は空欄）に戻りました。

● 初期値に戻った

Chapter 4-4 画面作成②—フォーム

値を入力し、保存ボタンをクリックします。

● 値を入力して保存

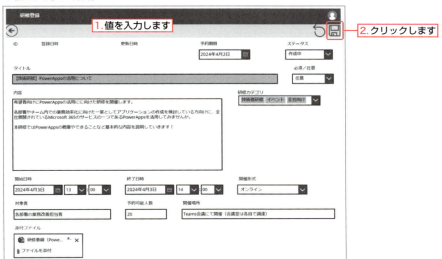

● SharePoint Onlineリストにデータが追加された

TOPIC フォーム送信時の動作

SubmitForm関数によってフォームを送信する際に、その結果によって実行する処理を設定できます。次のフォームコントロールプロパティに処理を記載することで、フォーム送信が失敗した際にNotify関数でメッセージを表示したり、Navigate関数で自動的に画面遷移するなどの処理が可能です。

● デフォルトはすべてfalse

- **OnFailure**　SubmitFormによるフォーム送信などで、レコードの変更が正常に保存されなかった場合の処理
- **OnReset**　RsetFormによるフォームのリセット時に実行される処理
- **OnSuccess**　SubmitFormによるフォーム送信などで、レコードの変更が正常に保存された場合の処理

157

画面作成③――ギャラリー

Power Appsアプリの画面にさまざまな情報を表示する機能として「ギャラリー」コントロールが利用できます。ここではギャラリーコントロールを使って、前節で登録した研修申請の一覧を表示する方法を解説します。

アプリ画面に情報を表示できるギャラリーコントロール

「**ギャラリー**」コントロールを利用すれば、データソース内のレコードをアプリ画面で表示できます。
ここではギャラリーコントロールを使って、メイン画面に申請一覧を追加しましょう。
次のように、メイン画面の右上の領域に追加していきます。

●ギャラリーコントロールで申請一覧を表示する

まず、すべての研修を表示していきます。
表示する対象のデータは「研修登録画面」と同じSharePoint Onlineリストです。
レイアウトは「垂直ギャラリー」を選択します。垂直ギャラリーを用いるとデータが縦に並んで表示されます。垂直ギャラリーの他に「水平ギャラリー」などがあります。目的に応じて使い分けてください。

●垂直ギャラリーを選択

レイアウトを追加したらデータソースを設定します。
ここではSharePointリストの「研修一覧」を選択し、登録されている研修内容の一覧を表示します。

● データソースの選択でSharePointリストを選択

自動でデータが反映され、表示項目も設定されます。

● 研修一覧が表示された

表示項目の編集

表示項目を編集していきます。ここでは画像は不要とし、タイトルに加えて日時や対象者、必須／任意を表示します。

プロパティから基本となるレイアウトを選択します。

「タイトル、サブタイトル、本文」を選択すると次の表示になります。

● 基本レイアウトを選択した結果

タイトル、サブタイトル、本文の3項目のみが表示されます。これに表示項目を追加します。

今までの項目追加と同様に、ツリービューから項目追加が可能です。

ギャラリーは複数のレコードの一覧ですが、項目追加するとすべてのレコードで追加した項目が表示されます。

● ツリービューからギャラリーに表示する項目を追加する

続いて表示項目を指定します。

現在「作成中」となっている欄はステータス項目です。ここを開始日時項目に変更します。

「ThisItem.ステータス」と指定されているため、次に変更します。

```
"開始日時:"&ThisItem.開始日時
```

● ステータス項目を変更する

他の項目も同様に変更しつつ、位置を調整します。

1行目を調整すると、2行目以降も自動反映されています。

● 研修一覧の各項目を変更し、位置を調整した

ギャラリーからの画面遷移

ギャラリーから研修内容の画面に遷移してみましょう。

ギャラリーは挿入してデータソースを指定した時点で、各データへの遷移アイコン□が用意されます。なお、このアイコンの見た目を変えることも可能です。

アイコンをクリックすると、選択したデータの研修内容の画面に遷移させるようにします。

● 遷移アイコン

画面遷移には、選択したデータが何なのかを特定させたうえで、「研修登録」の画面に遷移させる必要があります。

遷移アイコンのOnSelectプロパティを次のように設定します。

```
Set(ItemID,ThisItem.ID);
Navigate(研修登録);
ViewForm(登録フォーム)
```

● 遷移アイコンのOnSelectプロパティを設定する

「研修登録」画面は、メイン画面とは別の画面であるため、「どのデータを選んだのか」の情報を明示的にする必要があります。

Set関数でグローバル変数を作ることにより、すべての画面でSet関数設定した値を利用できます。

ここでは「ItemID」という変数がすべての画面で利用可能になります。

ItemIDに一覧から選択したデータを識別するための情報を設定しましょう。ThisItem関数は選択したデータの値を取得できます。

データソースである「研修一覧」の項目を取得可能です。

Set関数でグローバル変数を設定したら、Navigate関数で研修登録画面に遷移しましょう。また、このメイン画面からは利用者が研修内容の確認のみを行うため編集はさせないので、ViewForm関数で表示専用とします。

これまでの設定で研修登録画面へ遷移はできるようになりました。
しかし、実際に遷移すると表示された画面にデータが入っていません。

● データが入っていない

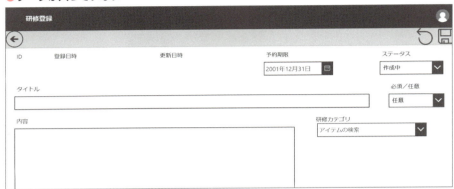

これは「研修登録」画面側にItemIDに設定した情報を読み込むためのロジックを入れていないためです。「研修登録」画面の登録フォームのItemプロパティに情報を読み込む設定をします。
　メイン画面で設定したItemIDと研修一覧のIDが一致するデータを表示するために、LookUp関数を使います。LookUp関数の構文は次のとおりです。

● LookUp関数

LookUp(対象のテーブル,検索条件,[取得したい項目])

LookUp(研修一覧,ID=ItemID)

● Itemプロパティに設定した

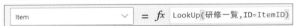

LookUp関数は、指定したテーブルの中で条件に一致するデータレコードを1件取得します。
この関数を使用することでメイン画面から遷移し、対象のデータが表示されました。

● 対象データが表示された

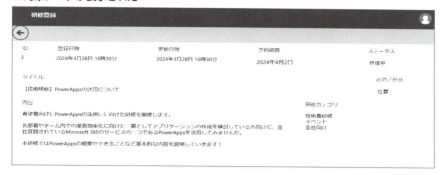

条件に一致する情報のみ表示する

次に、一覧に表示するデータの条件を絞ります。取得したい項目を指定しない場合は、データのレコードすべてを取得します。

メイン画面に表示する研修一覧で、作成中や期限切れなどの研修は表示させないようにします。

ギャラリーコントロールのItemsプロパティを設定します。

条件に一致するデータのみを抽出するため「Filter」関数を使います。

LookUp関数との違いは、LookUp関数は1件のみで、Filter関数は条件に一致する複数件を取得できることです。

Filter関数の構文は次のとおりです。

● Filter関数

> Filter(対象のテーブル,検索条件)

ここでは、ステータスが「公開」のデータのみ指定します。次のようにItemsプロパティを設定します。

```
Filter(研修一覧,ステータス="公開")
```

● Itemsプロパティを設定

ステータスが「公開」であるデータのみ表示されました。

● ステータスが「公開」のデータのみ表示した

LookUp関数とFilter関数について

LookUp関数と**Filter関数**について整理しておきます。

LookUp関数とFilter関数は、Power Appsでテーブルを扱う場合は必ずと言っていいほど利用する関数です。検索条件についても複数条件とできるので、方法を把握しておきましょう。

● LookUp関数とFilter関数

関数	特徴	複数条件の方法
LookUp	テーブルから条件に一致する最初の1件のレコードを取得する。	AndやOr関数を利用します。 ● 名前が「りんご」「みかん」のものを果物テーブルから取得する場合 　LookUp(果物,Or(名前="りんご",名前="みかん") 　Filter(果物,Or(名前="りんご",名前="みかん")
Filter	テーブルから条件に一致するすべてのレコードを取得する。	● 名前が「りんご」で色が「赤」を選ぶ場合 　LookUp(果物,And(名前="りんご",色="赤") 　Filter(果物,And(名前="りんご",色="赤") ※条件項目が異なる場合、Filter関数の場合はAndを利用しなくても可能です 　Filter(果物,名前="りんご",色="赤")

前ページではFilter関数を利用して一覧に表示するデータを制御しました。
表示するデータをユーザーが選べるようにもできます。
次の図は「公開」「作成中」に当てはまる研修を検索条件に設定したものです。

● ユーザーが選択した条件にあてはまるものを表示できる

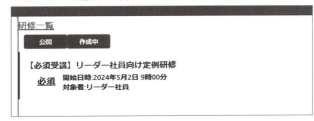

Chapter 4-5 画面作成③―ギャラリー

ボタンの設定

ボタンコントロールを追加し、OnSelectプロパティにUpdateContext関数でボタンをクリックしたときのロジックを設定します。

UpdateContext関数の構文は次のとおりです。

● UpdateContext関数

UpdateContext（{変数名:値}）

ここでcondという変数に、ボタンの値である「公開」を設定します。

```
UpdateContext（{cond:"公開"}）
```

● OnSelectプロパティにUpdateContext関数を設定

「作成中」ボタンのOnSelectプロパティにも同様に設定しておきます。

さらに、現在どのフィルタ条件でデータが表示されているかわかりやすいように、ボタンの色も変更しましょう。ボタンの色はBasePaletteColorプロパティで設定します。

「公開」ボタンの場合、ボタンをクリックしたときにcondが「公開」となるため、condが「公開」である場合は色を青、そうでない場合は色をグレーとします。

```
If（cond:"公開",Color.Blue,Color.Gray）
```

● BasePaletteColorプロパティでボタンの色を設定

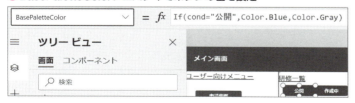

続いて、ギャラリーのフィルタ条件を変更します。

condの値に応じてフィルタ条件を変更するため、Itemsプロパティで条件をステータス=condに変更します。

```
Filter(研修一覧,ステータス=cond)
```

● Itemsプロパティで条件をステータス=condに変更

| Items | ∨ | = | fx | Filter(研修一覧,ステータス=cond) |

「作成中」を選ぶと、ボタンの色と表示データが変更されました。

● ボタンの色と表示データが変更された

一点注意しておきたいのが、UpdateContext関数を実行するタイミングです。

UpdateContext関数はSet関数とは異なり、アプリ全体ではなく画面内のみで利用できる変数を定義します。ですので、他の画面で利用しない変数を定義したいときに用います。

ここでは「ボタンクリック時」に変数を設定していましたが、これではボタンをクリックする前である「画面初期表示時」に変数が設定されていないことになります。

「画面初期表示時」における初期フィルターを公開とするために、画面のOnVisibleプロパティでも変数を定義しておきましょう。

```
UpdateContext({cond:"公開"});
```

● OnVisibleプロパティにUpdateContext関数を設定

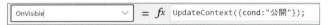

これで画面表示時でも「公開」のデータのみを表示するフィルタが作動するようになります。

● フィルタが作動した

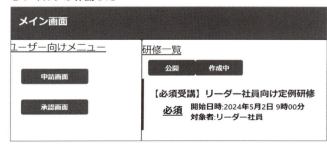

Chapter 4-6 予約申請

前節まででフォームやギャラリーから予約できる研修内容がメイン画面で確認できるようになりました。ここでは予約機能を作成していきます。承認者の必須チェック、研修予約一覧テーブルへ申請データを追加、承認者へのメール送信などを行います。

予約機能の流れ

予約機能では、承認者の必須チェック、研修予約一覧テーブルへ申請データを追加、承認者へのメール送信などを行います。

データテーブルの作成と追加

まずは予約用のデータテーブルをSharePoint Onlineリストで作成します。

● 予約用データテーブル

● 予約用データテーブルの内容

名称	属性	概要
研修ID	数値	予約した研修のID
承認ステータス	テキスト	申請中、承認済みを管理
申請者	ユーザー	申請したユーザー
申請日時	テキスト	申請された日時
承認者	ユーザー	申請を承認するユーザー
承認日時	テキスト	承認された日時

予約用データテーブルをSharePoint Onlineリストで作成したら、Power Appsアプリに追加しましょう。

● Power Appsアプリ上でSharePointリストからデータを追加する　　● データが追加された

ボタンの配置

予約はギャラリーの一覧から選択した研修内容の画面から行います。

「予約申請」のボタンを配置します。予約はステータスが「公開中」の時のみクリックできるように、DisplayModeプロパティを設定しましょう。

```
If(
    DataCardValue3.SelectedText.Value = "公開"
    DsplyMode.Edit,
    DisplayMode.Disabeled
)
```

● DisplayModeプロパティの設定

● 予約申請ボタンを押せない状態　　● 予約申請ボタンを押せる状態

ボタンを押したらポップアップ画面を表示する

続いてボタンの処理を作成してきます。

予約申請ボタンをクリックしたら、承認者を選択したうえで、申請できるようにします。

申請のためのポップアップ画面を作成していきます。

コンテナーコントロールを画面全体に追加し、高さと幅を整え、任意の色を設定します。

●ポップアップ画面

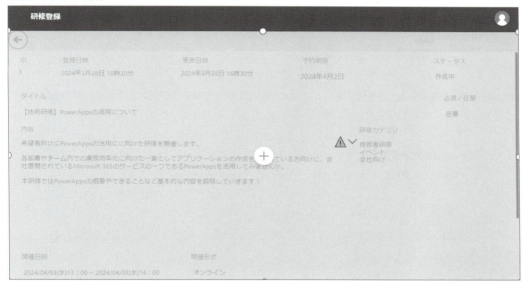

この状態になると、元々の画面項目の変更が不可能になるため、「予約申請」のボタンをクリックしたときのみに表示するようにVisibleプロパティを設定する必要があります。

画面表示時は「表示しない」ため、画面のOnVisibleイベントでポップアップを表示しないための変数を設定し、ボタンクリック時は「表示する」ため、OnSelectイベントで表示するための変数を設定します。

●ポップアップ

ポップアップ	条件	イベント
表示する	ボタンをクリックし、申請が完了前まで	予約申請ボタンをクリックしたとき（OnSelectイベント）
表示しない	画面表示時やデータ入力時	画面を開いたとき（OnVisibleイベント）
	申請完了時	「申請」「キャンセル」ボタンをクリックしたとき（OnSelectイベント）

```
UpdateContext({popup:false})
```

● ポップアップ表示をしない設定

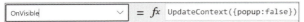

ボタンクリック時は「表示する」ため、OnSelectイベントで表示するための変数（popup:true）を設定します。

```
UpdateContext({popup:true})
```

● ポップアップ表示をする設定

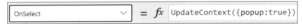

UpdateContext関数で変数popupを定義し、コンテナーの表示制御（Visibleプロパティ）はpopup変数を参照することによって、制御が可能になります。

● Visibleプロパティにpopup変数を設定

ポップアップ用のコンテナーにコントロールを追加します。

このアプリでは、研修の予約をするためには承認が必要です。承認者の項目を追加し、申請ボタン、キャンセルボタンを用意します。

承認者は申請ユーザーが選択できる形とします。コンボボックスコントロールを追加し、データをOffice365ユーザーから取得するようにします。

● Office 365ユーザーからデータを取得

Office365ユーザーは既定で用意されているデータソースです。
コンボボックスのItemsプロパティにユーザーを検索して設定できるように設定を行います。

```
Office365ユーザー.SearchUserV2({searchTerm:self.SearchText}).value
```

searchTermは適用対象：表示名、名、姓、電子メール、メールのニックネーム、およびユーザー プリンシパル名の検索文字列がプロパティです。

● **Itemsプロパティにユーザーを検索して設定できるよう記述**

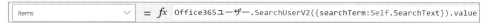

フィールドの設定も行います。
フィールドは主要なテキストをDisplayName（名前）、副次的なテキストにMail（メールアドレス）を追加します。

● **フィールドの設定**

名前を入力すると自動検索され、一致するユーザーが表示されます。

● **名前を入力すると一致するユーザーが表示された**

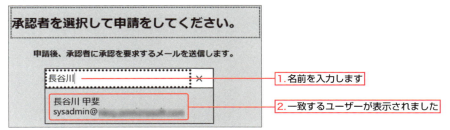

ボタンを追加し、ポップアップ画面は完成です。

ボタンのOnSelectプロパティにポップアップを非表示にするためのUpdateContext関数を忘れずに設定しておきましょう。

```
UpdateContext({popup:false})
```

● UpdateContext関数にポップアップを非表示にする設定を追加

| OnSelect | ∨ | = | *fx* | UpdateContext({popup:false}) |

● ポップアップ画面が完成した

承認者を選択して申請をしてください。

申請後、承認者に承認を要求するメールを送信します。

長谷川 甲斐 ∨

申請 　キャンセル

申請ボタンを押した後の処理

続いて「申請」ボタンの処理を作成していきます。

「申請」ボタンをクリックして実行させる処理は次のとおりです。

❶ 承認者の必須チェックを行う
❷ 研修予約一覧テーブルに申請データを追加する
❸ 予約申請を承認者に知らせるためのメールを送信する

「❶ 承認者の必須チェックを行う」は、承認者を入力していないと「申請」ボタンをクリックできないようにします。

「申請」ボタンのDisplayModeプロパティに、次のようにIf文を設定します。

ボタンを押せないようにするのにはIsBlank関数もしくはIsEmpty関数を用いて承認者が設定されていない時にボタンを無効化します。ただし、IsBlank関数ではテーブル型である「承認者.SelectedItems」を正しく検査できないので、IsEmpty関数を用いています。

```
If(IsEmpty(承認者.SelectedItems),DisplayMode.Disabled,DsplayMode.Edit)
```

Chapter 4-6 予約申請

● 承認者を入力しないとボタンを押せないように設定

| DisplayMode | ∨ | = | fx | If(IsEmpty(承認者.SelectedItems),DisplayMode.Disabled,DisplayMode.Edit) |

● 承認者を入力していないと「申請」ボタンが押せない　　● 承認者を入力したら「申請」ボタンが押せるようになった

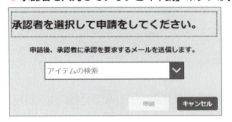 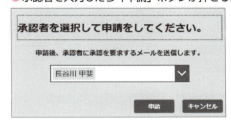

「❷ 研修予約一覧テーブルに申請データを追加する」では、予約申請データをSharePoint Onlineリストに追加します。

研修登録画面のようにフォームコントロールを使用しても追加できますが、今回はフォームコントロールを用いない処理で行います。

Patch関数を使います。Patch関数はフォームコントロールでのデータ追加、更新と同様の動きとなりますが、フォームコントロールを伴う必要がない関数であるため、画面にコントロールを追加したくないときに重宝します。

構文は次のとおりです。

● 新規データ追加時

```
Patch(対象のテーブル,Defaults(対象のテーブル),追加するレコード)
```

● データ変更時

```
Patch(対象のテーブル,変更対象のレコードを特定する情報,変更後のレコード)
```

レコードは {} で囲って表現するのを忘れないようにしましょう。

新規データ追加時は、どのレコードを変更するか特定する必要がないため、Defaults関数を使用して初期値設定をします。Defaults関数はテーブル側で既定値を作成する場合に、テーブル側の動作で値を作成してくれます。そのため、Defaults関数を使用することによって、すべてのレコードの列の値をPatch関数内で指定する必要がなくなります。

今回は新規追加です。SharePoint Onlineリストで作成したテーブルにデータを追加しましょう。

● 申請データの内容

名称	追加する内容	備考
研修ID	予約した研修のID	登録フォーム値を取得
承認ステータス	"申請中"	固定値
申請者	申請したユーザー	現在ログインしているユーザー（ボタンをクリックしたユーザー） ※SharePoint Onlineリストのユーザー列にデータを追加する場合は手当が必要（後述）

申請日時	申請された日時	ボタンをクリックした時間
承認者	申請を承認するユーザー	ポップアップで入力したユーザー ※SharePoint Onlineリストのユーザー列にデータを追加する場合は手当が必要（後述）
承認日時	承認された日時	この画面では対応しない

Patch関数の内容は次のとおりです。

●Patch関数の内容

```
UpdateContext({popup:false});
Patch(
      研修予約一覧,                    ← テーブルを指定し、データの新規追加のためDefaults関数を指定
      Defaults(研修予約一覧),
      {                             ← レコード指定のため {} で囲う
          研修ID:Value(ID_DataCard2.Default),   研修IDは登録フォームのデータを指定して取得。
                                                Defaultにフォームのデータが格納されている
          申請日時:Text(
              Now(),                            申請日時はNow関数で現在の日時を取得。
              DateTimeFormat.ShortDateTime24    SharePoint Onlineリストはテキスト型で作
          ),                                    成しているため、テキストに変換
          申請者:{
              Value:User().Email,
              '@odata.type':"#Microsoft.Azure.Connectors.SharePoint.SPListExpandedU
ser",
              Claims:"i:0#.f|membership|"&Lower(User().Email),
              Department:"",
              DisplayName:"",                   申請者はUser関数で現在のユーザーを取得。
              Email:"",                         SharePointリストのユーザー列にデータを格納
                                                する場合、記載している内容全ての指定が必要。
              JobTitle:"",                      ValueとClaimsの箇所でUser().Emailを指定す
              Picture:""                        る以外は記載している内容と同じで問題ない
          },
          承認ステータス:"申請中",   ← ステータスは固定値で格納
          承認者:{
              Value:承認者入力.SelectedItems.Mail,
              '@odata.type':"#Microsoft.Azure.Connectors.SharePoint.SPListExpandedU
ser",
              Claims:"i:0#.f|membership|&Lower(
                  Concat(
                      承認者入力.SelectedItems,
                      Mail
                  )
              ),                                承認者はポップアップで入力した値を取得。
              Department:"",                    SelectedItemsでテーブル型のデータが取得されるた
              DisplayName:"",                   め、そのうちの「Mail」列を取得
              Email:"",
              JobTitle:"",                      Claimsの箇所でConcat関数を使用しているが、これ
                                                はテキスト型への返還のため。
              Picture:""                        SelectedItems.Mailはテーブル型でありエラーになる
          }                                     ため、Concat関数でテキスト型に変換している
      }
);
office365Outlook.SendEmailV2(
    Concat(
```

174

SharePoint Onlineリストのユーザー列に値を格納するときは、複雑になります。

これはSharePoint Onlineリストの仕様のためですが、ValueとClaimsの箇所にデータとして設定したいユーザーのメールアドレスを指定さえすれば、他の箇所は上記と同じで構いません。

「❸ 予約申請を承認者に知らせるためのメールを送信する」を処理します。

データソースの**Office 365 Outlook**を用いることで、Power Appsからメール送信の仕組みを作ることが可能です。自動で送信するメールも作れるため活用しましょう。

● Office 365 Outlookを利用してメール送信できる

まずは、OutlookをPowerAppsから利用できるように追加します。

追加後にメール送信ができるようになるため、メールを作っていきます。

メールを送信するときは次の構文になります。

```
Office365Outlook.SendEmailV2(送信先,メールタイトル,本文)
```

ここでは、送信先に承認者を指定し、本文には申請者と予約した研修のタイトル、そして確認しやすいようにアプリへのリンクを記載します。

なお、メールの送信者はボタンをクリックしたユーザーになります。

```
Office365Outlook.SendEmailV2(
    Concat(
        承認者入力.SelectedItems,
        Mail
    ),
    "研修予約の申請があります",
    User().FullName&"が"&タイトル_DataCard4.Default&"の研修を予約申請しました。

    <a href='https://apps.powerapps.com/play/e/default-■■■■■■■■■■■■■■■■■■■
    ■■■■■■■■■■■■■■■■■■■■■■■■■■'>アプリ</a>から承認を行ってください"
);
```

●送信するメール内容

```
Office365Outlook.SendEmailV2(
    Concat(
        承認者入力.SelectedItems,
        Mail
    ),
    "研修予約の申請があります",
    User().FullName & "が　" & タイトル_DataCard4.Default & " の研修を予約申請しました。
    <a href='https://apps.powerapps.com/play/e/default-　　　　　　　　　　　　　　　　　　　　　　　　　　　'>アプリ</a>から承認を行ってください"
);
```

次のメールが送信されます。

●送信メール

メール本文にURLをハイパーリンク形式で記載したい場合の構文は、次のとおりです。
html言語で記載します。

```
<a href='URL'>本文への表示文字列</a>
```

最後に、正しく予約申請されたか、メールが送信されたかがわかるようにメッセージを表示します。
次のような形でメッセージを表示できます。

●メール送信の確認メッセージ

メッセージの表示にはNotify関数を使います。
構文は次のとおりです。

● Notify関数

> Notify(メッセージの内容, メッセージの形式, 表示ミリ秒数)

メッセージの形式は次の種類があります。

● メッセージの形式

形式	内容	イメージ
NotificationType.Error	エラーとして表示	⊗ 申請し、承認者にメールを送りました
NotificationType.Information	情報として表示	ⓘ 申請し、承認者にメールを送りました
NotificationType.Success	成功として表示	⊘ 申請し、承認者にメールを送りました
NotificationType.Warning	警告として表示	ⓘ 申請し、承認者にメールを送りました

　メッセージの表示後は、ポップアップで入力した承認者の値を削除しておきましょう。

　削除しないと入力した値がそのまま残り続けるためです。

　削除にはReset関数を使います。Reset関数は指定したコントロールを初期値にリセットします。承認者の初期値は空のため値が削除されます。

　構文は次のとおりです。

● Reset関数

> Reset(リセットしたいコントロール)

```
Notufy(
    "申請し、承認者にメールを送りました",
    NotificationType.Success
);
Reset(承認者入力);
```

● 処理の最後にReset関数を設定した

```
Notify(
    "申請し、承認者にメールを送りました",
    NotificationType.Success
);
Reset(承認者入力);
```

　Reset関数は処理の最後に行うようにしましょう。

　途中でリセットしてしまうと、処理の中で承認者などの値を参照しているときにデータがなくなってしまうことになります。

　キャンセルボタンを作成して、Reset承認者を同様に設定しておきましょう。

承認とテーブルの結合

ここでは申請内容の承認の仕組みを作ります。承認時に研修内容を確認できるように、研修一覧と予約一覧のテーブルを結合する手順も解説します。

申請内容の承認

予約申請された申請を**承認**しましょう。
Power Appsアプリでの承認の方法は大きく次の2種類あります。

❶ Power Apps内で承認
❷ Power Automateの機能を使って承認

本章では❶の方式で承認することを前提に解説しました。そのため、ここでは❶の方式を主として解説します。
なおChapter 5-1で❷のPower Automateによる承認についても解説します。

テーブルの結合

承認者が、アプリ内で自身が承認する必要がある申請を一覧上から承認できるようにします。
承認の際には、一覧上でどの研修を受講するのか確認したくなります。そのため、一覧上に申請情報だけではなく研修情報も載せましょう。これには、研修一覧と予約一覧の2つに分かれたテーブルの結合が必要です。
今回の仕組みでは、承認せずに却下する場合は差し戻しではなく、再申請を促す形にします。却下時に申請者に却下理由をメールし、データの重複回避のために予約一覧テーブルから申請データを削除します。
テーブルの結合には「ClearCollect」関数を使います。指定したテーブルのデータをクリアしてからテーブルにデータを追加します。
ClearCollect関数はSet関数やUpdateContext関数と同様に変数を定義できますが、値にテーブルを格納可能です。ClearCollectで定義された変数は「コレクション変数」と呼ばれます。
格納する際に、「研修ID」をキー項目として、研修一覧と予約一覧を結合しましょう。
構文は次のとおりです。

● ClearCollect関数

ClearCollect(コレクション変数名,追加するデータ)

なお、テーブルの結合にはClearCollect関数ではなく、Clear関数とCollect関数を利用する方法もあります。

Clear関数は指定したテーブルのデータ削除、Collect関数は指定したテーブルへのデータ追加を行います。新規に結合するテーブルを作るときはClearCollect関数で問題ありません。

まず、予約一覧から自身が承認者であるレコードを抽出し、これコレクション変数に格納します。

承認者画面を作成し、OnVisibleプロパティでコレクション変数を作成しましょう。

`ClearCollect(tempList,Filter(研修予約一覧,承認者.Email=User().Email))`

● OnVisibleプロパティでコレクション変数を作成

コレクション名であるtempListに、研修予約一覧から自身が承認者であるデータをフィルタして格納します。

ギャラリーを追加してItemsプロパティにtempListを指定します。

● ItemsプロパティにtempListを指定

このままでは、申請を受けた研修内容が非常にわかりづらいです。

● 承認画面に研修内容が表示されずわかりづらい

そこで、研修の情報を取得します。

OnVisibleプロパティでもう1つコレクション変数を作成しましょう。

```
ClearCollect(tempList,Filter(研修予約一覧,承認者.Email=User().Email))
ClearCollect(viewList,AddColumns(tempList,KenshuTitle,Lookup(研修一覧,ID=tempList[@
研修ID],タイトル)))
```

●研修情報を取得するコレクション変数を作成

viewListを作成して列を追加します。

●viewListを作成して列を追加

```
ClearCollect(
    viewList,                          viewListコレクションを作成
    AddColumns(                        AddColumns関数でテーブルに列を追加
        tempList,                      元にするテーブル
        KenshuTitle,                   追加する列名
        LookUp(                        追加するデータ。
            研修一覧,                   研修IDが一致するレコードを特定
            ID=tempList[@研修ID],       して、「タイトル」列データを
            タイトル                    Kenshu Titleに格納
        )
    )
)
```

　このようにコレクション変数を使うことで、実際にSharePoint Onlineリストに専用のテーブルを作成する必要なく、テーブルが作成できます。
　ここではKenshuTitle列のみを追加していますが、複数の列を同様の記述で追加できます。次のようになります。

```
ClearCollect(コレクション変数名,AddColumns(元にするテーブル,追加する列名①,列名①に追加するデータ,追加
する列名②,列名②に追加するデータ)
```

　ギャラリーのItemsプロパティにviewListを指定し、わかりやすいように項目名を付与すると次の形になります。
　承認画面に申請された研修内容が表示され、わかりやすくなりました。

Chapter 4-7 承認とテーブルの結合

● viewlist設定

● 承認画面に研修内容が表示された

承認および却下機能の追加

承認および却下機能を追加しますが、ここまで説明した内容で作成が可能です。
ギャラリーの矢印を削除してボタンを2種追加し、それぞれのOnSelectイベントにアクションを設定しましょう。

● 承認・却下ボタン

承認の場合は、予約一覧の承認ステータスと承認日時をPatch関数で変更します。
却下の場合は、ポップアップ表示して、却下理由を入力可能とし、メールを送信しましょう。
ただし今回のケースでは、却下時は申請の重複回避のためにデータを消す必要があります。これにはRemove関数を使います。
Remove関数の構文は次のとおりです。

● Remove関数

Remove(対象のテーブル,対象のレコード条件)

今回は、予約一覧テーブルの内1レコードを削除するため次のようになります。

```
Remove(研修予約一覧,Lookup(研修予約一覧,ID=ThisItem.ID))
```

● Remove関数でデータを削除する設定

```
Remove(研修予約一覧,LookUp(研修予約一覧,ID=ThisItem.ID))
```

対象のレコードはIDで特定できます。
ギャラリーに表示しているのはコレクションviewListであるため、研修予約一覧テーブルを指定します。研修予約一覧のIDとviewListのIDは一致する（コレクション作成時に研修予約一覧をコピーしているため）ため、ThisItem(現在選択しているviewListのレコード)のIDを指定します。

メイン画面からの画面遷移

ここまで説明した内容で、このアプリは完成まで作ることができます。
メイン画面の「承認画面」から、先ほど作成した承認者用画面にNavigate関数で遷移させます。

● メイン画面の「承認画面」ボタン

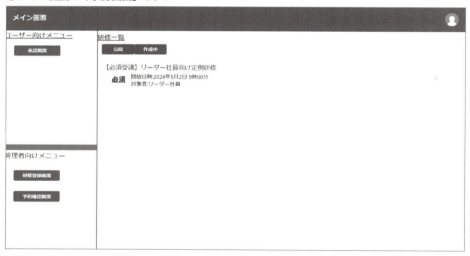

研修登録画面は新規作成や修正削除ができるように、すぐに登録フォームに遷移させずに研修の一覧画面を作成しましょう。

●研修の一覧画面

予約確認画面は、どの研修にどの程度予約が入っているか確認する画面です。

●予約確認画面

　コレクション変数を使用してテーブルを作成することも可能ですが、ここでは別の方法を用いて作成しています。
　複数のテーブルの情報が欲しいときにコレクション変数だけが選択肢ではありません。
　研修ごとに予約人数を表示したいため、ギャラリーのItemsプロパティは「研修一覧」テーブルを指定します。

●「研修一覧」テーブルを指定

Gallery6	
ディスプレイ	**詳細設定**
Items	
研修一覧	

情報としては、「研修予約一覧」テーブルから同一研修の予約数が欲しいため、CountRows関数で、条件に一致するテーブルのレコード数をカウントします。
CountRows関数の構文は次のとおりです。

● CountRows関数

```
CountRows(対象のテーブル)
```

ギャラリーに次を追加します。

```
"予約人数(承認済):" & CountRows(
    Filter(
        研修予約一覧,
        研修ID = ThisItem.ID,
        承認ステータス = "承認済"
    )
)
```

● ギャラリーに追加する設定

なお、CountRows関数は委任の影響を受けるため、レコード数に注意してください。
研修予約一覧テーブルに対し、研修IDがギャラリーのItemsプロパティに設定した「研修一覧」のIDと同じ、かつ、承認ステータスが承認済であるものをフィルタし、レコード数をカウントしています。
このようにコレクション関数を使わずとも、ギャラリーの項目の個々の設定で他テーブルの値を参照することも可能です。
コレクション変数は少々扱いが難しいので、テーブルを変数化する必要がない場合はこのような手段で実現するのも手段の1つとなります。

184

Power Automateと連携する

Power AutomateとPower Appsを連携して、承認が必要な際に通知を送ったりできます。ここではPower Automateの概要と承認機能の連携方法について解説します。

Chapter 5-1　　Power Automateについて
Chapter 5-2　　Power Automate承認

Power Automateについて

Power Automateを用いれば、業務の一連の流れを自動化できます。ここではPower Automateの基本的な使い方を解説します。

Power Automateについて

Power Automateは、Microsoft社が提供する業務プロセスの自動化（RPA）やワークフローの最適化などを目的としたクラウドサービスです。このサービスは、他のMicrosoft製品や他社製品を組み合わせ、普段の業務を一連の流れ（フロー）として自動的に処理できます。

例えば、特定の件名のメールが届くたびに指定ユーザーに転送するような処理や、SharePoint Onlineリストにアイテムが作成された際に上長に承認依頼をTeamsで通知するような処理の自動化が可能です。

Power Automateではこのように特定の処理を起点として、事前に作成したワークフローを自動実行することができます。

ここではPower Automateの基本的な利用方法と用語について解説し、簡単なフローの作成手順まで説明します。ケースごとの詳しいフローについては後述しますが、まずは適切なフロー作成の要点を押さえることが重要です。

Power Automate Desktop

Power Automateにはデスクトップ版である**Power Automate Desktop**というサービスもあります。Power AutomateとPower Automate Desktopの違いは、Power AutomateがWeb上で動作するクラウドフローを実行するのに対し、Power Automate Desktopはパソコン上の操作を中心としたデスクトップフローを実行することです。クラウドフローとデスクトップフローを連携できるPower Automate Desktopの利用には、別途ライセンス購入が必要になります。

本書ではクラウド版であるPower Automateを対象に、その使い方や特性について説明します。Power Automate Desktopと混同しないように注意してください。

Power Automateの基本的な要素

Power Automateを構成する基本的な要素について、簡単なフローを用いて説明します。

ここでは「SharePoint Onlineリストにアイテムが作成された際に、作成されたアイテムの内容をメールで通知する」フローを想定します。

● Power Automateの基本的なフロー

◆ フロー

「**フロー**」とは、自動化された一連の処理の流れのことです。

この場合、次の一連の流れがフローとなります。

> ❶ SharePoint Onlineリストにアイテムが作成または変更されたとき
> ❷ SharePoint Onlineリストに作成されたアイテムを更新して
> ❸ Office365 Outlookでメールを送信する

◆ トリガー

「**トリガー**」とは、フローの起点となる実行条件のことです。

このフローの場合、「アイテムが作成または変更されたとき」にフローが実行されます。

トリガーは次の3種類から選択できます。フローの目的に応じて使い分けてください。

● トリガーの種類とその内容

トリガーの種類	説明
自動化したクラウドフロー	メールの受信、リストが更新された際など、特定の処理を起点として実行されるワークフローを作成します。
インスタントクラウドフロー	ボタンのクリックなど、任意のタイミングで実行されるフローを作成します。
スケジュール済みクラウドフロー	毎週火曜日、毎日9時に実行など、あらかじめ指定した日時、タイミングで実行されるフローを作成します。

● トリガーの種類

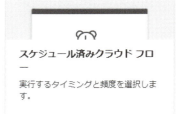

◆ アクション

「**アクション**」とは、フロー内で実行される処理のことです。

アクションは複数追加することができ、上から順番に実行されます。このフローの場合、「項目の更新」の後に「メールの送信」アクションが実行されます。

◆ コネクタ

「**コネクタ**」とは、フローを外部サービスと接続する機能のことです。

処理に応じた必要データを、多数の外部サービスから取得し、フロー内で利用することができます。このフローの場合、それぞれSharePointコネクタ、Outlookコネクタを利用してアクションを実行しています。

600種類以上のコネクタが用意されていますが、一部は利用にプレミアムライセンスが必要です。

● コネクタの一覧

Chapter 5-1　Power Automateについて

Power Automateの画面構成

　Power Automateのホーム画面は、次の図のような構成となっています。初回起動時には国/地域の選択画面が表示されます。「日本」を選択して開始してください。

● Power Automateのホーム画面

　フローの作成ページや、Microsoft Learnへのリンクなどが配置されています。
　左側のサイドバーには関連コンテンツへのリンクが表示されます。主要なメニューの説明をします。

◆ マイフロー

　「**マイフロー**」をクリックすると、自身が作成したフローや共有されたフローを表示します。
　「クラウドフロー」タブには自分が所有者かつ共有されていないフローが、「自分と共有」タブには他ユーザーと共有しているフローが表示されます。フローがオフになっている場合は薄い色で表示されます。

● マイフロー

特定のフローを選択した状態でメニュー（ ⋮ ）アイコンをクリックすると、次のようにメニューが表示され、そのフローの編集や共有などが行えます。各メニューの内容は次の表のとおりです。

● フローのメニュー

● メニューの各内容

項目	説明
編集	フローの編集画面に遷移します。
共有	フローを他ユーザーに共有します。
名前を付けて保存	自分のフローとしてコピーし、新規作成します。
コピーの送信	コピーを作成し、宛先ユーザーに送信します。
エクスポート	フローをパッケージにしてエクスポートします。異なる環境にフローを作成する際に便利です。
実行履歴	フローの実行履歴を確認します。フローのテスト時と同じように実行結果と詳細が表示されます。
分析	フローの使用状況などを確認する画面に遷移します。
オフにする/オンにする	フローを実行しない状態にします。オフ状態ではトリガーが実行されてもフローは動きません。オフの場合は「オンにする」が表示されます。
ヒントをオフにする	Power Automateのヒントを表示しません。
削除	フローを削除します。復元は可能ですが、別途フローを作成する必要があります。
詳細	フローの詳細画面に遷移します。

Chapter 5-1　Power Automateについて

◆ テンプレート

「**テンプレート**」をクリックすると、次の図のようにフローのテンプレート一覧を表示します。目的に応じたフローを選択すれば、すぐに完成したフローを作成できます。

● フローのテンプレートの一覧

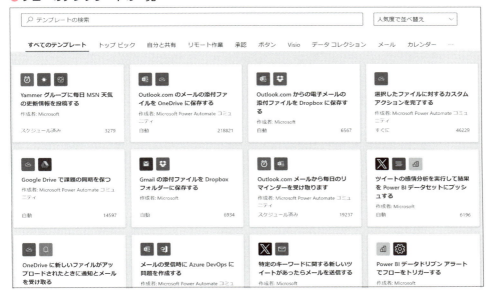

◆ 承認

「**承認**」をクリックすると、フロー内で承認コネクタを利用している場合、フローが受信／送信した承認一覧を表示します。また、各承認をクリックすると、応答の詳細を確認できます。

承認についてはChapter 5-2で説明します。

● 承認の一覧

フローを作成する

それでは、実際にフローを作成してみましょう。

1 Power Automate トップのサイドバーにある「作成」をクリックします。

● 「作成」をクリック

今回のフロー作成で使用するリスト項目は次の通りです。

● フロー作成で使用するリスト項目

表示名	内部名	種類	規定値
確認	Check	はい/いいえ	はい
ランチ	Lunch	1行テキスト	ー
カロリー	Calorie	数値	ー
値段	Price	数値	ー
食事管理者	MealAdministrator	ユーザー	ー

Chapter 5-1　Power Automateについて

2「作成」をクリックすると次の画面が表示されます。「自動化したクラウドフロー」を選択します。

● フロー作成の選択画面

3「フロー名」欄に任意のフロー名を入力します。「フローのトリガーを選択してください」欄で「アイテムが作成または変更されたとき」を選択します。最後に「作成」ボタンをクリックします。

● フロー名の入力とトリガーの選択

193

トリガーの設定

トリガーの設定を行います。

1 フローの作成画面に遷移します。表示されているトリガーをクリックします。

● フローの作成画面

2 作成画面はフローデザイナーと呼ばれます。
「接続の変更」をクリックすると、画面左側が変化します。アカウントを選択します。

● 接続の変更でアカウントを選択

3 パラメーターの設定で、トリガーに利用するサイトのURLとリスト名を入力します。
「サイトのアドレス」「リスト名」をそれぞれ選択します。

● パラメーターの設定

4 ⊕アイコンをクリックして表示される「アクションの追加」をクリックします。
画面左に「アクションの追加」が表示されます。検索バーで「SharePoint」を検索するとSharePointコネクタがヒットします。「さらに表示」をクリックします。

● アクションの追加

5 SharePointコネクタで選択できるアクションが表示されます。
「項目の更新」アクションをクリックします。

● 「項目の更新」アクションを選択

6 サイトとリストを指定したら、アイテムを指定する「ID」を入力します。
ID入力時のフォーム右側に表示される⚡アイコンをクリックすると、トリガー「アイテムが作成または変更されたとき」の「ID」を選択します。

● IDの選択

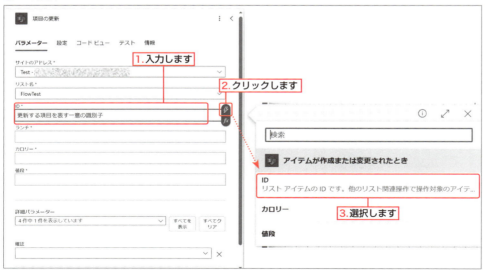

ここで入力している項目は「動的なコンテンツ」と呼ばれ、そのアクションの前で追加されたトリガー、アクションで取得したデータを利用することができます。

利用したい項目が候補に表示されない場合、右上の「表示数を増やす」をクリックするか、入力する列のデータ型と一致しているか確認してください。

また、必須に設定している列は空欄にできないため、再度トリガーアイテムから動的なコンテンツで指定、入力しなければなりません。必須列でない場合は、空欄にしておくことで、選択したアイテムの値がそのまま入ります。

7 必須列を入力し、「確認」列の値を「いいえ」に変更します。これは、後ほど説明するフローの無限ループ回避に必要です。

● 入力内容のチェックと、「確認」欄を「いいえ」に設定

必須列以外は「詳細パラメーター」で項目を選択することで表示させることができます。

同様に、Office365 Outlookコネクタを検索して「メールの送信（V2）」アクションを追加します。「Outlook.com」コネクタとは異なるので、注意してください。

●「メールの送信（V2）」を追加

8 メールの「宛先」「件名」「本文」を入力します。

「宛先」は直接メールアドレスを入力する他に、動的なコンテンツからメールアドレスが記載された列や、ユーザー列の持つメールアドレス情報を利用することができます。複数入力する場合は、「;」で区切って入力する必要があります。

●メールの「宛先」「件名」「本文」を入力

◆ トリガーの条件

トリガーの条件について説明します。

トリガーの条件とは、トリガーとなる処理（今回はリストアイテムの作成、更新）に関して、詳細な実行

条件を設定する項目です。

　今回は、アイテムが新規で作成された場合にのみフローを実行するように設定します。これによって不要なフロー実行を防ぎ、適切なタイミングで実行することができます。また、設定をしない場合、アイテムが更新された際にもフローが実行され、無限ループが発生してしまうため、設定を忘れないように気をつけてください。

　トリガー条件は、トリガーをクリックして「設定」タブの「全般」➡「トリガーの条件」欄にある「追加」をクリックして設定します。

● トリガー条件の追加

次の式を入力します。

最初の「@」は式が認識されるために必ず必要です。

　次のequals(triggerbody()['Check'],true)は、「triggerbody()」でトリガーとなるリストのデータを取得します。さらに「['Check']」で列を指定します。この際に使用するのが列の内部名です。Checkは「はい/いいえ」型なので、trueかfalseしか値を持ちません。

```
@equals(triggerbody()['Check'],true)
```

● トリガー条件の式を入力

これにより、「確認（Check）」が新規作成時の規定値「はい（true）」の時のみフローがトリガーされます。フロー内の「項目の更新」アクションで「いいえ」に変更されるため、この更新はトリガー条件に当てはまらず、フローの無限ループを回避することができます。

TOPIC

条件式でよく利用する演算子

条件式でよく利用する演算子を紹介します。

- **equals(A,B)-AがBに等しい場合**

@equals(triggerbody()['Check'],true)
→Check列がtrueの場合のみ実行します。

- **not(equals(A,B)-AがBに等しくない場合**

@not(equals(triggerbody()['Check'],true))
→Check列がtrue以外の値の場合のみ実行します。

- **contain(A,B)-AがBを含む場合**

@contain(triggerbody()['Lunch'],'カレー')
→Lunch列がカレーを含む場合のみ実行します。

- **less(A,B)-AがB未満の場合**

@less(triggerbody()['Price'],1000)
→Price列が1000未満の場合のみ実行します。

- **greaterOrEquals(A,B)-AがB以上の場合**

@greaterOrEquals(triggerbody()['Calorie'],800)
→Calorie列が800以上の場合のみ実行します。

- **and(A,B)-AかつBの場合**

@and(equals(triggerbody()['Check'],true),less(triggerbody()['Calorie'],300))
→Check列がtrueかつ、Calorie列が300未満の場合のみ実行します。

- **or(A,B)-AもしくはBの場合**

@or(contains(triggerbody()['Lunch'],'定食'),greater(triggerbody()['Price'],1000))
→Lunch列に定食が含まれる、あるいはPrice列が1000より大きい場合にのみ実行します。

なお、選択肢列を条件にする場合、triggerbody()['列名/Value']とすることで、値の比較が可能です。

Chapter 5-1　Power Automateについて

フローの保存とテスト

これでフローはいったん完成です。

次はフローの保存、テストを実施して、実際に設定したトリガーでフローが実行されるか確認してみましょう。

フローの保存は画面右上のバーから行います。

● 右上のバーのメニュー

フィードバックを送信する　保存　フロー チェッカー　テスト　新しいデザイナー

● メニューの内容

項目	説明
フィードバックを送信する	Power Automateに関するフィードバックを送信します。
保存	作成したフローを保存します。保存しないとテストが実施できません。
フローチェッカー	作成したフローのエラー、警告を確認できます。エラーが表示される場合は、フローの保存、テストができません。
テスト	フローを実行します。インスタント、スケジュール済みクラウドフローの場合は即座に実行されます。自動化したクラウドフローの場合は、トリガーが実行されるまで実行されません。
新しいデザイナー	モダンデザイナーとクラシックデザイナーを切り替えます。本書ではモダンデザイナーでフローを作成しています。

> **TOPIC**
>
> **新しいデザイナー（モダンデザイナー）**
>
> 新しいデザイナー（モダンデザイナー）は、現在既定で設定されているデザイナーです。トグルで切り替えて表示されるデザイナーが「クラシックデザイナー」と呼ばれる以前のデザイナーで、表示形式に違いがありますが、基本的には同じように操作します。
> それ以外で注意する点としては、モダンデザイナーでは作成・編集できないフローがある点です。モダンデザイナーに対応していない特定のアクションがある場合、もしくはフロー内のアクション数が多すぎる場合、モダンデザイナーを利用することができません。
> 基本的にモダンデザイナーの方が作成に便利な表示になっていますが、上記の点もふまえて、使いやすいデザイナーで作成してください。

「保存」でフローを保存して、「テスト」から実行の種類を選択します。

「フローのテスト」画面が表示されます。

●フローのテスト画面

「手動」の場合、インスタント、スケジュール済みクラウドフローは即時実行されます。自動化されたクラウドフローでは、トリガーとなる動作を行うことで、実行されます。

「自動」の場合、事前に実行していた場合は、最近使用したトリガーで実行することができます。

今回は初回実行なので、「手動」を選択して「テスト」をクリックします。

次のメッセージが表示されるので、リストにアイテムを作成します。

●リストアイテムの作成

> ⓘ 今すぐ動作を確認するには、選択した SharePoint フォルダー内のリスト アイテムを変更します。

フローの実行に成功すると、次の画面が表示されます。
この画面では実行結果の確認、各アクションの詳細を確認できます。

● フローの実行結果や詳細の確認

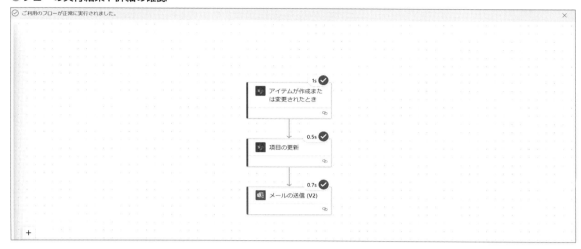

フローで設定した通りの内容でメールが送信されています。

● フローで設定したメールが送信された

Power Automateの「承認」

　Power Automateには、特定のユーザーに承認依頼を送信し、その応答結果をフロー内で受け取ることのできる「**承認**」機能が実装されています。

　承認依頼から承認後のアクションまでフローに組み込むことで、承認後の処理も自動化し、効率的に承認申請を処理することができます。

　承認は、フロー内の「承認コネクタ」から「承認アクション」を利用して作成できます。基本的な承認フローの作成手順は次節で説明するので、ここでは承認の基本的な要素について押さえておきましょう。

承認コネクタ

　フロー内で「承認」と検索すると、承認コネクタが表示されます。

　フロー内ですぐに承認を作成し応答を受け取りたい場合は、「開始して承認を待機」を選択します。

●承認コネクタ

　選択できる承認形式は次の4種類です。

●承認の種類を選択

Chapter 5-1　Power Automateについて

● 承認の種類

アクション名	説明
カスタム応答 1つの応答を待機	選択肢をカスタムした承認依頼を送信し、最初の応答を受け取ると次のアクションに進みます。
カスタム応答 すべての応答を待機	カスタムした承認依頼を送信し、すべての応答を受け取ると次のアクションに進みます。
承認/拒否 すべてのユーザーの承認が必須	承認/拒否の承認依頼を送信し、すべてのユーザーから承認されるか、誰か一人が拒否すると次のアクションへ進みます。
承認/拒否　最初に応答	承認/拒否の承認依頼を送信し、最初の応答を受け取ると次のアクションに進みます。

承認アクションの後に追加したフローでは、次の情報を動的なコンテンツとして利用できます。

● 開始して承認を待機

Part
5

Power Automateと連携する

205

Power Automate承認

Power Automateの承認機能を利用すれば、承認が必要なフローを自動化できます。ここでは、Power Automate承認を実際に利用した申請手続きを解説します。

Power Automateを利用した承認

　前節最後でも触れましたが、申請ワークフロー内で**承認**処理したい場合、Power Automateの承認コネクタを利用して実現できます。

　ここでは実際に**Power Automate承認**を利用してみましょう。

　SharePoint Onlineリストにアイテムが作成／編集された際に実行される承認フローを想定して作成します。前提としてフロー作成者は、サイトのフルコントロール権限ユーザーを想定しています。

　想定する処理の流れは次のとおりです。

❶ SharePointリストでアイテムが作成/変更される。
❷ リストアイテム権限を閲覧権限のみに変更する。
❸ 承認依頼を承認者に送信する。
❹ 承認結果に応じて、リストアイテムの情報を変更する。
❺ 承認結果を申請者に通知する。

　用意するSharePointリストは次のとおりです。

●承認に使用するSharePointリスト

Chapter 5-2　Power Automate承認

●SharePointリストの内容

名称	属性	概要
ステータス	選択肢	申請状況を管理します。"作成中"、"承認待ち"、"承認済み"、"差戻し"の4択です。
申請タイトル	テキスト	タイトルを入力します。
承認者	ユーザー	承認者を入力します。
承認日付	日付	承認された日付を入力します。
申請確認	はい/いいえ	アイテムを申請するか入力します。
添付ファイル	ファイル	申請に関連するファイルを添付します。

承認フローの作成

Power Automateで承認フローを作成します。

トリガーの作成

まず、フローを実行させるための**トリガー**を作成します。

1 Power Automateのフロー作成の選択画面で「自動化したクラウドフロー」を選択します。次の画面が表示されるので、任意のフロー名（ここでは「承認テスト」）を入力し、「フローのトリガーを選択してください」欄で「アイテムが作成または変更されたとき」を選択して、「作成」ボタンをクリックします。

●フロー名とフローのトリガー選択

207

2 トリガーに利用するサイトのURLとリスト名を入力します。

● パラメーターにトリガーのサイトとリスト名を入力する

3 フローの予期せぬ実行を避けるため、「設定」からトリガーの実行条件を設定しておきましょう。
「設定」➡「トリガー条件」➡「＋追加」を選択して次の条件式を入力します。

```
@and(equals(triggerbody()['Check'],true),or(equals(triggerbody()['Status/value'],
'作成中'),equals(triggerbody()['Status/value'],'差戻し')))
```

● トリガーの実行条件を設定する

　これで「申請する」にチェックが入っていて「ステータス」が「作成中」または「差戻し」のアイテムをトリガーにフローを実行させることができます。
　こういった条件付けをしない場合、フロー内でのアイテム更新をトリガーにさらにフローが実行され、無限ループが発生してしまいます。

権限の編集

　次に、申請中のアイテムを変更できないように、権限を編集します。
　SharePoint Onlineコネクタの「アイテムまたはファイルの共有を停止します」アクションを追加し、サイトやリストを入力します。IDは、入力欄をクリックすると表示される⚡マークから、トリガーとなるアイテムのIDを選択して入力します。

● 申請中のアイテムを変更できないように権限を編集する

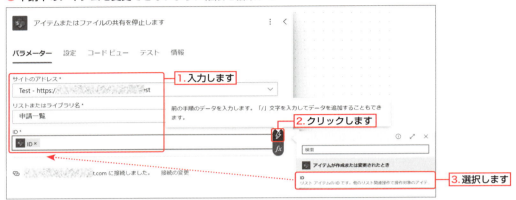

　これだけでは承認者も閲覧できないため、ユーザーに閲覧権限を付与します。SharePoint Onlineコネクタ「アイテムまたはフォルダーへのアクセス権限の付与」アクションを作成し、サイトアドレス、リスト、ID同様に入力します。

　受信者は、ここでは環境内の1部署を想定して、グループのメールアドレスを設定します。また、ロールは、「Can view」を選択します。

● 「Can view」を選択

ここで入力したユーザー/グループに対してロールで設定した権限を付与されるので、付与する対象ユーザー／グループは各フローに応じて設定してください。

承認依頼を送信するアクション

続いて、承認依頼を送信するアクションを追加します。

承認コネクタの「開始して承認を待機」アクションを追加し、次のように承認者への通知メッセージを入力します。

● 承認者への通知メッセージを入力する

● パラメータの設定内容

項目名	入力値	概要
承認の種類	カスタム応答 -1つの応答を待機	最初の応答を受けて、後のフローが処理されます。
応答オプション	承認/差戻	通知に表示される選択肢を入力します。
タイトル	タイトル	申請のタイトルを入力します。
担当者	日付	承認ユーザーを入力します。
詳細	はい/いいえ	通知メッセージを入力します。
添付ファイル	ファイル	申請に関連するファイルを添付します。

なお、メッセージにリンクを含める場合は、（表示テキスト）「URL」のマークダウン形式で入力する必要があります。
　承認結果による分岐を作成します。「条件」アクションを追加し、次のように入力します。

● 承認結果による分岐の設定

● 条件の設定

左入力欄	中央入力欄	右側入力欄
動的なコンテンツ　「開始して承認を待機」の[結果]	is equal to	承認

　条件分岐後の処理は次のようになります。

● 条件分岐の処理

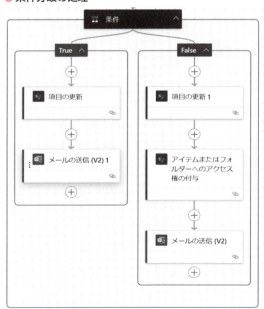

◆ 承認された場合

SharePoint Onlineコネクタ「項目の更新」アクションで、リストアイテムの「ステータス」を「承認済み」、「申請する」を「いいえ」に変更します。

Office 365 Outlookコネクタ「メールの送信（V2）」アクションで承認完了メールを申請者に送信します。

◆ 差戻された場合

承認された場合と同様のアクションで、「ステータス」を「差戻し」、「申請する」を「いいえ」に変更します。

また、再申請を可能にするために、SharePoint Onlineコネクタの「アイテムまたはフォルダーへのアクセス権の付与」アクションで、申請ユーザーのロールを「Can edit」に変更します。

その後は、申請者に差戻しメールを送信します。

この際、メール内に申請アイテムへのリンクを貼る場合は、HTML入力モードで次のように入力することで、有効なリンクがメールに記載されます。

● メール内に申請アイテムへのリンクを貼る場合

フローの作成は以上で完了です。

無限ループが発生しないようになっているか、今一度「項目の更新」で「ステータス」「申請する」の各項目が変更されているか確認しておきましょう。

なお、フローの保存時に次ページのように項目の更新アクションに関する警告が表示されますが、トリガー条件に無限ループ回避のための式を設定しているため、今回は無視して大丈夫です。

●更新アクションに関する警告

> **TOPIC** 多段階承認も可能
>
> 一段階ではなく、複数の承認ステップを設定することも可能です。
> 条件分岐を活用して、ステップごとに承認者を追加し、承認が完了するたびに次のステップに進むように設定できます。例えば、最初の承認者が承認したら次の承認者に通知が送信されるようにフローを作成できます。

承認フローの実行

作成したフローを実際に動かし、条件通りに実行されるか確かめてみましょう。

まず、SharePointリストから新規アイテムを作成して、次のように承認のテスト用フローを作成して保存します。

● 承認のテスト用フローを作成

ここでの表示項目は、申請者が入力すべき最低限の項目に設定しています。

トリガー条件に合致するリストアイテムが作成されたため、フローが実行されます。

すぐに実行されるわけではなく、実行まで30秒〜2分ほどのタイムラグがあります。少し待つとステータスが「承認待ち」に変更されます。

● 承認申請一覧のステータスが「承認待ち」に変更された

承認者に設定したユーザーに承認依頼が送信されます。

Power Automateの承認を利用する場合「Outlook」「Teams」「Power Automate」にそれぞれ承認依頼が通知されます。どのサービスで回答しても同一の内容に対して処理が行われるので、回答できるのは最初の1回のみです。

Teamsの場合

Teamsの場合はアクティビティに通知が来ます。

● Teamsのアクティビティに申請依頼通知が表示された

Outlookの場合

Outlookの場合は、Microsoft Power Automateからメールが送信されます。

● Power Automateから申請依頼通知メールが送信された

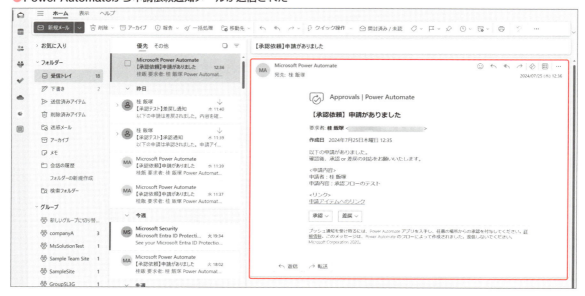

Power Automateの場合

Power Automateの場合は通知はなく、「承認」から確認できます。選択して「…」をクリックすると選択肢が表示され承認できますが、詳細は確認できません。管理的な側面での利用になります。

● 「承認」から確認

TeamsとOutlookではコメントを付けて返答することが可能です。コメントの内容をメール等に記載したい場合は、動的なコンテンツから承認アクションの「コメント」項目を利用します。

● コメントをつけて返答できる

回答に応じて、リストアイテムが更新され申請者にメールが送信されます。

回答すると、Teamsではアクティビティに回答通知が届き、Outlookでは通知メールが回答済み表示に変更されます。

●Teamsではアクティビティに回答通知が届く

●Outlookでは通知メールが回答済み表示に変更される

　差戻された場合は、リストから該当アイテムを修正し、「申請する」をチェックして保存することで、再度承認フローを実行することができます。

●ふたたび承認申請をして承認を受けられる

Copilotなど
アプリ作成に役立つ機能

Power Appsにはさまざまな機能があります。ここでは、アプリを作成・利用するうえで役に立つ機能の使い方や考え方を記載しています。Power Appsを使いこなすためにぜひ活用してください。

Chapter 6-1	Power Platform管理センター
Chapter 6-2	Power Appsアプリ開発の欠点
Chapter 6-3	コンポーネント
Chapter 6-4	アプリのエクスポート／インポートと ソリューション機能
Chapter 6-5	バーコードリーダー
Chapter 6-6	バージョン管理
Chapter 6-7	メッセージの表示
Chapter 6-8	委任
Chapter 6-9	Copilotの利用

Power Platform管理センター

Power Platform管理センターは、Microsoft Power Platformの管理と監視を行うための統合ツールです。ここではPower Platform管理センターの概要と主要な機能について解説します。

管理と監視を行うための統合ツール

Power Platform管理センターは、Microsoft Power Platformの管理と監視を行うための統合ツールです。

Power Platform管理者がPower Apps、Power Automateや、Dynamics 365といったサービスの環境設定を行うために使用します。Power BI管理者はPower Platform管理センターではなく、Power BI管理ポータルから管理を行います。

Power Platform管理センターは組織の管理者が利用するものです。Power Platform管理センターへは、管理者でないユーザーもアクセスできます。しかし、管理者権限がないユーザーにはほとんどの項目が表示されなかったり、制限されていたりします。

Power Platform管理センターはPower Appsの設定アイコンから起動できます。次は管理者権限の画面です。権限によって表示は異なります。

●Power Platform管理センター

Power Platform管理センターの画面構成

Power Platform管理センター画面の各項目の機能について表にまとめました。

● Power Platform管理センターの各項目の内容

項目	説明
ホーム	カードを追加して、さまざまな情報を表示します。
環境	環境を管理します。作成、削除、設定の変更が可能です。
環境グループ	環境をグループ化して一括で管理します。
アドバイザー（プレビュー）	マネージド環境に対する提案を表示します。
分析	Power Platform分析を利用します。
請求	ライセンスの確認が必要なテナントの環境の概要を表示します。
設定	テナント全体に適用される設定を管理します。
リソース	テナントと環境のリソースを表示および管理します。
ヘルプとサポート	Microsoftサポートへの要求の作成、および要求一覧を確認します。
データ統合	データをDataverseに統合します。
データ（プレビュー）	データゲートウェイ接続を確認します。
ポリシー	テナントと環境内のポリシーを表示、および管理します。
管理センター	他管理センターへのリンクを表示します。

主要な項目について解説していきます。

分析

「**分析**」ではPower Apps、Power Automate、Dataverseに関するデータをPower BIを利用して視覚的に表示します。アプリ、フローの使用状況や、エラー、コネクタなどを確認できます。

●分析

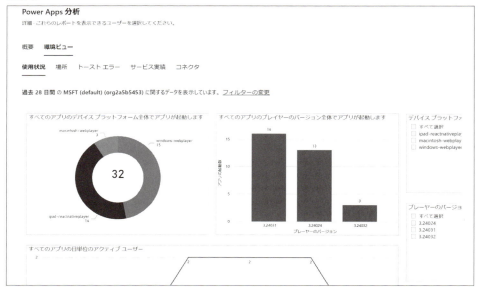

ポリシー

「**ポリシー**」ではDLPポリシー（Data Loss Prevention Policy、データ損失保護ポリシー）を作成して、環境内でのコネクタ利用を制御することができます。DLPポリシーは、コネクタの利用範囲を制御するための仕組みです。

制御のために、コネクタを次の3つのグループに分類します。ポリシーを設定していない場合、すべてのコネクタは非ビジネスグループに振り分けられています。

●DLPポリシーで制御に利用するグループ

グループ	説明
ビジネス	ビジネス用データのコネクタを振り分けます。 本グループ以外のコネクタと接続できません。
非ビジネス	既定。個人用データのコネクタを振り分けます。 本グループ以外のコネクタと接続できません。
ブロック	使用を許可しないコネクタを振り分けます。

コネクタのアクションごとに許可を設定することができます。Power Platformで目的のコネクタが使用できない場合は、適用されているポリシーによって制限されている可能性があります。

Power Appsアプリ開発の欠点

Power Appsを用いれば、開発経験がないノンプログラマーでもビジネスアプリを手軽に作成できます。しかし、弱点・欠点もあります。ここではPower Appsの欠点を挙げます。

複数ユーザーによる同時編集ができない

Power Appsアプリの編集は、複数人で同時に行うことはできません。
そのアプリの編集画面を開いた最初のユーザーが編集権限を持ちます。そのためユーザー同士が編集する時間をずらすなど対処が必要です。
記事執筆時点、まだプレビュー段階の機能で制限がありますが、これを解消する「**コオーサリング**」機能が利用可能となりました。共同編集中のユーザーの動作が画面に反映され、SharePoint Online上で共有したExcelファイルなどを同時編集する感覚で編集できます。

デバッグが難しい

Power Appsは視覚的にアプリを作成できる反面、どのコントロールのプロパティに問題があるか分かりにくい欠点があります。明らかな記述ミスなどはエラーを表示しますが、内容が分かりにくく適切な修正が難しいです。
また各コントロールにコードを記載するため、コード全体を俯瞰してみることが難しい特徴があります。アプリが複雑になるほど、**デバック**の負担も増加してしまいます。

委任2,000件問題

Power Apps内で扱うデータソースに関して、DataverseやSharePointリスト以外の**委任**をサポートしていないデータソースを用いる場合、扱えるデータは2000件までとなっています。
例えば、2000件を超えるExcelファイル内テーブルをデータソースに設定する場合は、2001件目のデータを取得できません。

コンポーネント

Power Appsアプリに用意されている「コンポーネント」は、アプリ画面で作成するコントロールの組み合わせを登録する機能です。コンポーネントをまとめて管理する「コンポーネントライブラリ」機能もあります。ここでは、コンポーネントとコンポーネントライブラリの作成やインポートの方法を解説します。

自作のコントロールの組み合わせをテンプレート化

「**コンポーネント**」は、アプリ画面で作成するコントロールの組み合わせを、テンプレートとして保存できる機能です。

一度ヘッダーやサイドバーなどを作成した後は、コンポーネントとして保存することで、他のアプリを新規作成する際に再利用することが可能です。

ここでは、コンポーネントの基本的な利用手順を説明します。また、簡単なメッセージボックスのコンポーネント作成手順についても扱います。

コンポーネントの作成方法

コンポーネントは、通常のアプリと同じようにアプリを作成してPower Apps Studioから作成する方法と、後述するコンポーネントライブラリから作成する方法があります。

どちらで作成してもコンポーネントに差はなく、インポートする際の手順が異なるだけなので、ここではアプリ内から作成します。

1 ツリービューの「コンポーネント」を選択し、「＋新しいコンポーネント」をクリックします。

●コンポーネントの作成

2 コンポーネント作成画面はアプリ作成画面とほぼ同一で、コンポーネントのサイズを決め、「＋挿入」で内部に必要なコントロールを配置していきます。

● コンポーネント作成画面

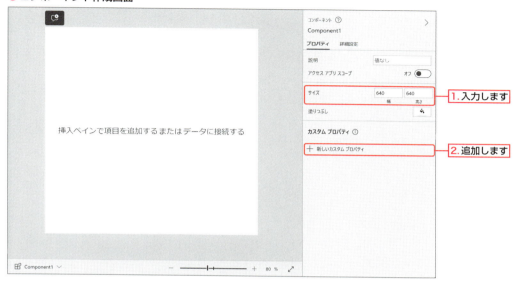

サイズの調整以外で設定する主な項目は次のとおりです。

● コンポーネント作成で設定する主な項目

プロパティ項目	説明
アクセスアプリスコープ	追加先アプリで設定されているグローバル変数やコントロール、データソースにアクセスする許可
カスタムプロパティ	コンポーネントに任意のプロパティを追加する

3 カスタムプロティは、上の画面から「＋新しいカスタムプロパティ」をクリックして表示される画面で作成します。

● 新しいカスタムプロパティ

4 作成するコンポーネントの「表示名」「名前」「説明」などに必要な情報を入力していきます。
各設定項目の内容は次のとおりです。

● 新しいカスタムプロパティの設定項目

設定項目	説明
表示名	プロパティの表示名
名前	参照に利用するプロパティの内部名
説明	プロパティの目的
プロパティの型	入力はアプリ→コンポーネント、出力はコンポーネント→アプリで値を受け渡します。
データ型	プロパティのデータ型
値が変更されたときにOnResetを実行する	プロパティの型「入力」のときのみ設定可能。

5 アプリと同様にコントロールを配置していきます。
今回は、テキスト1つとボタン2つのみで作成します。

● コントロールを配置してコンポーネントを作成する

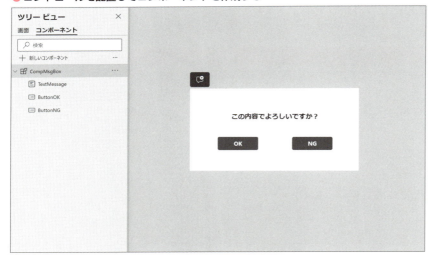

6 コンポーネントのカスタムプロパティを設定します。
コンポーネント内にあるボタンなどを追加先のアプリで動作させるためには、コンポーネント独自のプロパティによって値を受け渡します。
カスタムプロパティでボタン動作を設定するためには「設定」➡「近日公開の機能」➡「試験段階」を選択し、「拡張コンポーネントのプロパティ」を有効にします。

226

Chapter 6-3　コンポーネント

●拡張コンポーネントのプロパティ

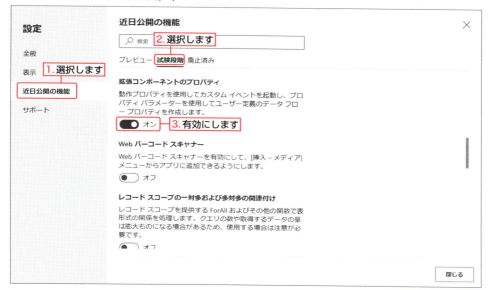

7　コンポーネントにカスタムプロパティを追加します。

「OK」「NG」ボタンをクリックした際の動作を設定するプロパティ（PropButtonOKとPropButtonNG）を作成します。

●新しいカスタムプロパティ（写真はPropButtonOK）の追加

8 「作成」ボタンをクリックすると、カスタムプロパティが作成されました。

●カスタムプロパティができた

9 Component1のプロパティとして、PropButtonOKプロパティが選択できるようになりました。

●作成したカスタムプロパティが選択できるようになった

今回は動作だけ確認したいので、メッセージ表示だけするように中身はNotify関数で記述します。

```
Notify("OKです！",NotificationType.Success)
```

●Notify関数でOKメッセージを表示

10 同様に、PropButtonNGもカスタムプロパティで作成します。

```
Notify("NGです！",NotificationType.Warning)
```

Chapter 6-3　コンポーネント

●Notify関数でNGメッセージを表示

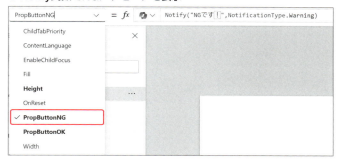

11 表示テキストも変更できるように次のプロパティ（PropTextMessage）も作成します。

●新しいカスタムプロパティ（PropTextMessage）　●メッセージを設定

12 作成したカスタムプロパティを、コンポーネント内の各コントロールと結び付けるために、次の表のように設定します。

229

●コントロールに結びつけるプロパティと式の表

コントロール	プロパティ	式
ButtonOK	OnSelect	Parent.PropButtonOK()
ButtonNG	OnSelect	Parent.PropButtonNG()
TextMessage	Text	Parent.PropTextMessage

●各コントロールのプロパティに式を設定

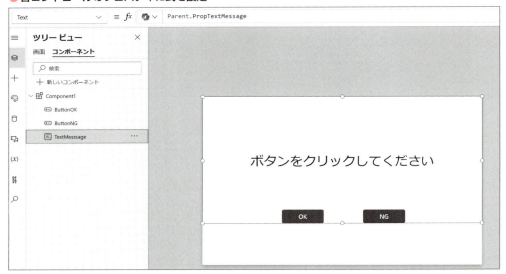

13 作成したコンポーネントは、アプリと同様に画面右上のアイコンから「保存」「公開」することで他アプリへのインポートが可能になります。

●保存

●作成したコンポーネントの公開

●公開

230

コンポーネントのインポート

作成したコンポーネントをアプリに配置（**コンポーネントのインポート**）してみましょう。

1「＋挿入」➡「カスタム」から、作成したコンポーネントを選択します。

● **インポートするコンポーネントの選択**

2 他のアプリで作成したコンポーネントをインポートする場合は、次の「コンポーネントをインポートします」を選択します。

● **コンポーネントのインポート**

3 利用可能なアプリを選択し、「インポート」ボタンをクリックします。

●アプリを選択してインポート

4 選択したアプリ内のコンポーネントがインポートされます。

●コンポーネントがインポートされた

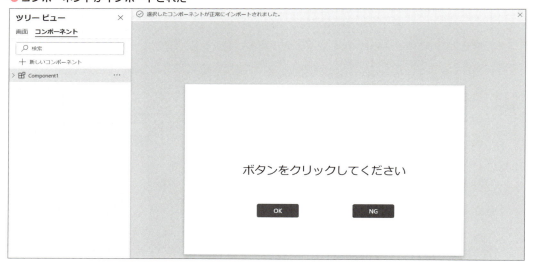

　追加したコンポーネントは、同アプリ内から追加するのと同様に「＋挿入」➡「カスタム」から挿入できます。

コンポーネントライブラリ

コンポーネントをまとめて管理したい場合は、「**コンポーネントライブラリ**」を利用することもできます。

1 Power Appsサイドバーから「詳細」➡「すべて見る」をクリックして「検出」画面を表示し、「アプリの拡張機能」➡「コンポーネントライブラリ」をクリックします。

● コンポーネントライブラリ

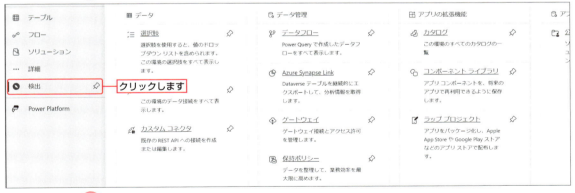

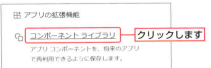

2 「＋新しいコンポーネントライブラリ」で任意の名前を入力したら、「作成」ボタンをクリックします。

● コンポーネントライブラリの名前を設定

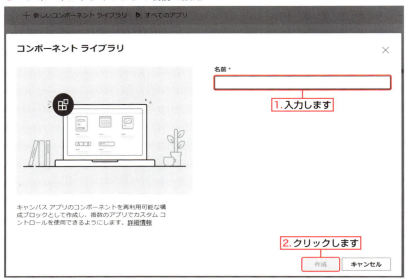

3 コンポーネント作成画面に遷移します。作成の流れは、コンポーネントライブラリもアプリと同じです。アプリの作成を参考に同じように作成していきましょう。

● コンポーネント作成画面

Chapter 6-3　コンポーネント

コンポーネントライブラリで作成したコンポーネントの追加方法は、アプリでの作成とは異なります。

1 画面右側の ▧ タブをクリックして、「コンポーネントをさらに取得」をクリックします。

● コンポーネントの追加

2 インポートしたいライブラリまたはコンポーネントを選択して、「インポート」ボタンをクリックします。

● コンポーネントにインポート

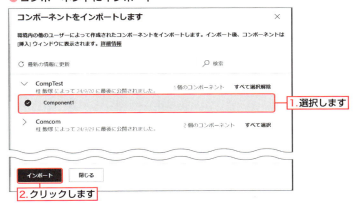

3 コンポーネントの追加が完了すると次のメッセージが表示されます。

● コンポーネント追加完了メッセージ

> ⊘ 選択したコンポーネントが正常にインポートされました。　　　　　　　　　　　　　　　×

インポートしたコンポーネントは「挿入」➡「ライブラリコンポーネント」から選択できます。

● インポートしたコンポーネントの選択

追加したコンポーネントをプレビューで実行すると、次の図のように動作します。

● コンポーネントのプレビュー

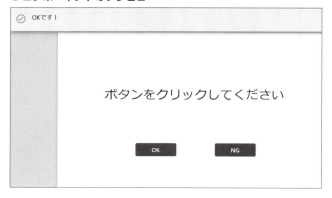

コンポーネントライブラリは、アプリと同様に公開して他ユーザーに共有することで使用できます。
　また、アプリと同様にバージョンの概念があるため、コンポーネント更新後に公開することを忘れないようにしてください。
　再利用可能なパーツを作成してまとめることで、効率的にコンポーネントを管理・活用することができます。

アプリのエクスポート／インポートとソリューション機能

Power Appsで作成したアプリを他の環境に移したい場合は、「インポート／エクスポート」機能を利用します。ここでは、作成したアプリをパッケージとしてエクスポートし、他の環境でインポートする手順について説明します。また、アプリを効率的に管理、移行できるソリューション機能についても説明します。

アプリのインポート／エクスポート

作成したキャンバスアプリを**エクスポート**してみましょう。

1 選択したアプリ右横：から「エクスポートパッケージ」をクリックします。または、アプリを選択した状態で上部のバーから「エクスポートパッケージ」をクリックします。

● 「エクスポートパッケージ」をクリック

2 パッケージの詳細を設定します。パッケージファイル名となる「名前」を入力し、「インポートの設定」を確認します。移行先の環境に元となるアプリが存在している場合、「更新」、新規で作成する場合は、「新しく作成する」を選択してください。
「保存」ボタンをクリックして設定が完了したら、「エクスポート」ボタンをクリックします。

●エクスポート パッケージ画面

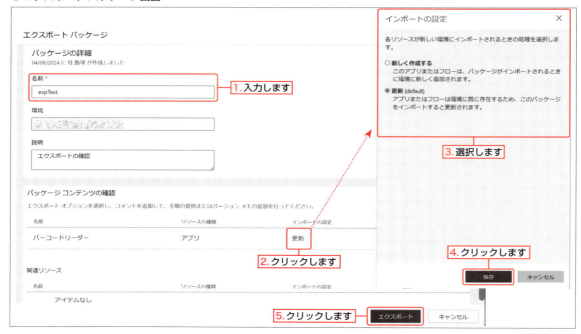

❸ アプリがPower AutomateフローやSharePoint Onlineリストなどのリソースと接続している場合は、同様にインポートの際の動作を設定します。

●Power AutomateフローやSharePoint Onlineリストなどのリソースと接続している場合

❹ パソコンにパッケージのzipファイルがダウンロードされます。そのままインポートに使用するので、展開しないでください。

Chapter 6-4　アプリのエクスポート／インポートとソリューション機能

●パッケージファイルがダウンロードされた

5　zipファイルをインポートします。移行先の環境でPower Apps Studioを起動し、アプリページ上部の「キャンバスアプリのインポート」をクリックします。

●パッケージのインポート

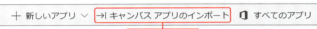

6　「パッケージのインポート」画面で「アップロード」ボタンをクリックし、ダウンロードしたzipファイルを選択します。

●パッケージファイルのインポート

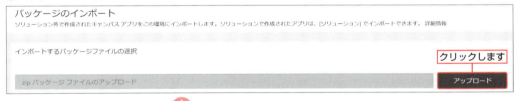

移行先環境に同じ名前のアプリが存在する場合はインポートでアプリを新規作成できないため、「インポートの設定」からアプリ名を変更してください。

● パッケージのインポート

7 次のメッセージが表示されたらパッケージのインポートは完了です。

● パッケージのインポートが完了した

8 関連リソースとしてPower Automateフローなどがある場合、それらもアプリとインポートすることが可能です。ただし、移行先の環境で接続等の設定が再度必要です。

Chapter 6-4　アプリのエクスポート／インポートとソリューション機能

● Power AutomateフローやSharePoint Onlineリストなどのリソースと接続している場合

9「インポート時に選択する」をクリックし、表示されている名前をクリックして接続を設定します。チェックマークがついたら、「保存」ボタンをクリックします。

● インポートの設定

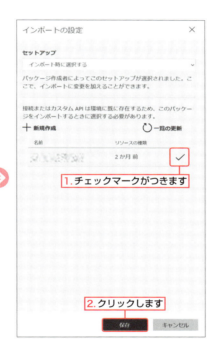

10 接続先が設定されたため、「インポート」ボタンをクリックして環境にインポートできるようになりました。

● インポートできるようになった

SharePoint Onlineリストをデータソースにしたアプリをインポートする場合、同名同形式のリストを移行先環境に作成しておくと、アプリ内で接続先のリストを変更するだけで同じようにアプリを実行できます。

　なお、次のようなメッセージが出てインポートに失敗する場合、インポートする関連リソースに問題がないか確認してください。Power Automate フロー内に前環境のSharePoint Onlineリストなどを参照するアクションがあると、このように失敗します。

　その場合、パッケージに問題のリソースは含めずに、インポート先環境で新規でそのリソースを作成するなどの対処が必要です。

● **インポートに失敗する場合、インポートする関連リソースに問題があるケースが多い**

> ⓘ もう1つのパッケージリソースのインポートに失敗しました。
>
> **次の手順...**
> ・1つ以上のリソースがインポートされませんでした。エラーの詳細を確認して問題を解決し、もう一度インポートを試してください。
> ・インポート中に1つ以上のリソースがスキップされた可能性があります。インポートの詳細を参照して、作成されたリソース、更新されたリソース、またはスキップされたリソースを確認してください。

ソリューション

　アプリを移行するもう1つの方法に「**ソリューション**」を利用する方法があります。

　ソリューションはアプリに関連する要素をまとめる機能です。アプリ、フロー、テーブルなどのリソースを格納するほか、セキュリティルールの設定やダッシュボード、レポートでの分析といった管理面でも優れた機能を持っています。

　ソリューションを作成する簡単な手順を解説します。

1 Power Apps Studioの左メニューの「ソリューション」をクリックします。

　ソリューション画面の「＋新しいソリューション」をクリックして表示される画面で、新規ソリューション作成に必要な項目を入力します。「公開元」はどれを選択してもかまいません。

　入力が終わったら「作成」ボタンをクリックします。

Chapter 6-4　アプリのエクスポート／インポートとソリューション機能

● 新規ソリューションの作成

2 ソリューションが作成されます。
　次の画面で、アプリに関連する各種リソースを追加します。

● 新しいソリューションが作成された

ソリューションのインポート／エクスポート

ソリューションのエクスポートとインポート方法を解説します。

ソリューションのエクスポート

作成したソリューションを**エクスポート**してみましょう。

1 ソリューション画面の右横の：アイコンをクリックして「ソリューションエクスポート」を選択します。ソリューションの公開が求められた場合は「公開」をクリックして「次へ」ボタンをクリックします。

●ソリューションのエクスポート

2 「次としてエクスポート」欄で、エクスポートの種類を選択します。エクスポートの種類は次のような内容です。

●エクスポートの種類

種類	説明
マネージド	移行先環境での編集不可。本番環境での直接変更をさせない場合に適しています。
アンマネージド	移行先でも編集可。本番環境でも開発する場合はこちらが適しています。

3 選択したら「エクスポート」ボタンをクリックします。
次のメッセージが表示されたら「ダウンロード」ボタンをクリックします。
パッケージ同様にzipファイルでソリューションファイルがダウンロードされます。

● ソリューションファイルのダウンロード

ソリューションのインポート

作成したソリューションのパッケージを**インポート**します。

1 「ソリューションをインポート」をクリックします。
「ソリューションのインポート」画面で「参照」をクリックすると、ダウンロードしたソリューションファイルを選択できます。Zipファイルを選択して「次へ」ボタンをクリックします。

● ソリューションのインポート

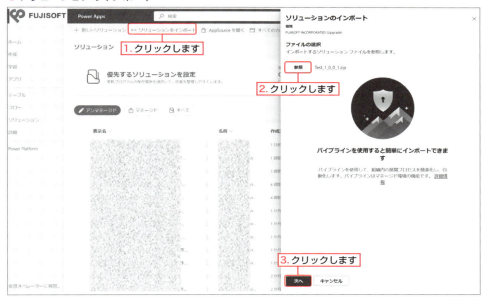

2 「インポート」ボタンをクリックすればインポート完了です。

●インポートボタンをクリック

ソリューションインポート時の注意点

　注意点として、アンマネージドソリューションを更新する際に、マネージドにしたソリューションでは更新できません（同様に、マネージドしたソリューションをアンマネージドソリューションでは更新できません）。
　また、バージョンが同じソリューションもインポートできません。その他、接続参照の設定、環境変数の設定など、インポートするソリューションによって入力する必要がある項目は変化することもあるので、不明点はエラー文を検索するなどして解決してください。

> **TOPIC**
> ### キャンバスアプリとモデル駆動型アプリ
> 便利なソリューション機能ですが、キャンバスアプリと比較してDataverseテーブルを利用するモデル駆動型アプリの方が、より恩恵を受けられる仕組みになっています。SharePoint OnlineリストやExcelファイルをデータソースにしてもソリューションには含められませんが、Dataverseテーブルは含められます。ただし、様々なリソースをまとめてインポートするためには、複雑な設定も必要です。
> 関連リソースの少ないキャンバスアプリは通常のパッケージでインポートし、リソースが多く複雑なモデル駆動型アプリであれば、ソリューションとしてまとめて移行するといったように適切な形式でアプリを移行させましょう。

バーコードリーダー

Power Appsにはバーコードリーダー機能があります。この機能を活用することで、デバイスのカメラでバーコードやQRコードをスキャンし、情報を瞬時に取得することが可能です。バーコードリーダー機能は、在庫管理や資産管理業務、QRコードを使用した会議室やフリーアドレス席の予約など、様々なワークフローをPower Platformで実現することができます。

バーコードリーダーの概要

バーコードリーダーの概要と、基本的な作成手順について説明します。

なお、バーコードリーダーはPower Appsモバイルアプリでのみサポートされています。Webブラウザアプリからはバーコードリーダーを起動できません。モバイル端末にPower Appsをインストールしてからアプリ動作を確認してください。

バーコードリーダーの作成

キャンバスアプリ上にバーコードリーダーを追加してみましょう。バーコードリーダーはPower Appsモバイルアプリでのみ利用できますが、アプリの作成はモバイルアプリではできません。これまで通りブラウザからPower Apps Studioを起動して作成します。

1 Power Apps Studioの「＋挿入」➡「メディア」➡「バーコードリーダー」を選択します。

● バーコードリーダーを挿入

2 バーコードリーダーの主なプロパティは次のとおりです。
特に設定を変更しなくても動作します。

● バーコードリーダーの主なプロパティ

プロパティの主な内容は次のとおりです。

● プロパティの主な内容

項目	説明
テキスト	リーダーを起動するボタンの表示名を設定します。
バーコードのタイプ	スキャンするバーコード形式を設定します。 Autoはすべてを対象にしますが、読み取りに時間がかかる場合があります。
スキャンモード	スキャン対象の選択形式を設定します。
スキャンの品質	スキャンの精度を設定します。高いほど小さいバーコードも読み取りやすくなりますが、アプリのパフォーマンスにも影響する可能性があります。

3 バーコードリーダーのOnScanプロパティに次の式を入力します。
OnScanプロパティはバーコードをスキャンした際の動作を指定します。
この式では、読み取ったバーコードの値と、読み取った時刻をコレクションcolBarcodeに格納しています。

```
Collect(
    colBarcode,
    {ScannedItem: Last(BarcodeReader1.Barcodes).Value, ScannedTime: Now()}
)
```

4 スキャンしたバーコード情報を表示するギャラリーを追加します。
「＋挿入」➡「垂直ギャラリー」を選択し、ギャラリーのデータソースに、先ほどOnScanで作成した「colBarcode」コレクションを選択します。

Chapter 6-5 バーコードリーダー

● colBarcodeコレクションを選択

5 プロパティで「レイアウト」を「タイトルとサブタイトル」に変更します。
それぞれ、表示させたい「ScannedItem」「ScannedTime」を選択します。

●「レイアウト」を「タイトルとサブタイトル」に変更

6 作成したアプリを保存し、公開します。

● バーコードリーダーアプリを公開する

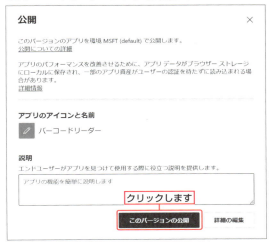

249

バーコードの読み取り

作成したバーコードリーダーアプリを使用してバーコードを読み取って、ギャラリーにデータを表示させてみましょう。

スマートフォンあるいはタブレットのPower Appsモバイルアプリから、先ほど作成したアプリを起動します。

次の画像は、バーコードリーダーアプリの画面です。バーコードリーダー起動ボタンと、その下にある空のギャラリーだけのシンプルな画面です。

● バーコードリーダーアプリの画面

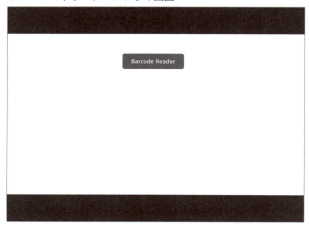

「Barcode Reader」ボタンをクリックするとバーコードリーダーが起動します。

スマホ・タブレットのカメラでバーコードを読み取ります。スキャンタイプがSelect to scanの場合、バーコードを認識した状態で画面右の◎ボタンをクリックすることで、認識したバーコードを読み取ります。

またライトを点灯したり、カメラ倍率の調整ができます。

Chapter 6-5　バーコードリーダー

● バーコードの読み取り

読み取ったバーコード情報がギャラリーに格納されています。

● 読み取ったバーコード情報が表示された

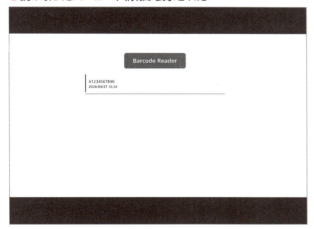

TOPIC

Excelでのバーコード作成

リーダー機能を試すにあたり、手ごろなバーコードがない場合はExcelを使ってバーコードを作成してみましょう。Excelの「開発」タブから「挿入」➡「ActiveX コントロール」➡「コントロールの選択」と進み、「Microsoft Barcode Control 16.0」を選択します。開発タブが表示されていない場合は、「ホーム」タブなどの上で右クリックし、「リボンのユーザー設定」から「開発」を追加することでタブに表示されます。
＋マークで大きさを指定してバーコードを作成できます。作成したバーコードの値を変更するには、バーコードを右クリックして「プロパティ」の「Value」から入力します。バーコード形式を変更するには、「Microsoft Barcode Control 16.0オブジェクト」➡「プロパティ」の「スタイル」から変更します。

バージョン管理

Power Appsにはアプリのバージョン管理機能があります。バージョン管理ができると、問題の切り分けや機能の分岐などが容易にできます。ここではPower Appsのバージョン管理機能の使い方について解説します。

アプリケーション開発の必須機能

Power Appsの**バージョン管理**機能は、アプリケーションを開発および管理する際に役立つ機能です。

バージョンとは、アプリケーションの特定の時点での状態を示すものです。特定の変更や更新が行われた場合に、その時点のアプリケーションの状態を記録できます。バージョン管理機能を用いることで、開発したアプリケーションの異なる段階やバージョンをすぐに切り替えて確認できます。

バージョン管理機能があれば、アプリケーションを開発中に何度も変更を加える必要がある場合、異なるバージョンを作成しておくことで、その変更が新しいバージョンでどのように変更されたのかを追跡できます。また、特定のバグや問題が発生した場合、過去のバージョンに簡単に戻ることができるので、安全に変更を行うことができます。

ここでは、アプリのバージョン確認から、以前のバージョンの復元、削除などの手順を主に説明します。

バージョンの確認、公開

作成したPower Appsアプリのバージョンは、アプリの「詳細」から確認できます。バージョンを調べるには「マイアプリ」の当該アプリを選択している状態でメニューアイコン（…）➡「詳細」➡「詳細」を選択します。

バージョンは、アプリの変更を保存した際に作成されます。

Chapter 6-6 バージョン管理

● バージョンの確認

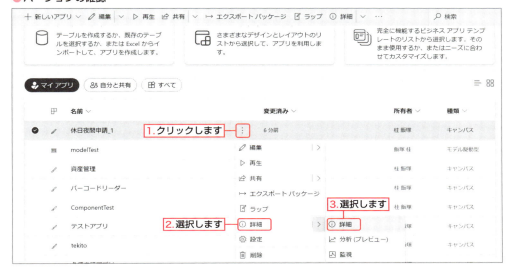

アプリのバージョンが表示されます。
現在公開しているバージョンは、「公開済み」列に「ライブ」と表示されます。

● アプリのバージョンが表示された

公開バージョンを変更するには、バージョン右側の…をクリックして、「このバージョンの公開」を選択することで対象バージョンを公開できます。

また、アプリ編集画面であるPower Apps Studioでも、…アイコンをクリックして「アプリのバージョン履歴」を選択することでバージョンを確認できます。

● **Power Apps Studioでのバージョンの確認**

この画面ではバージョンの公開はできません。

画面下部にスクロールすると表示される「バージョン管理のオプションをさらに表示する」から先ほどのバージョン画面を表示できます。

● **バージョンの一覧**

休日夜間申請_1			
2024年1月15日 10時25分	桂 飯塚	3.23123.15	
2024年1月15日 10時17分	桂 飯塚	3.23123.15	
2024年1月15日 10時06分	桂 飯塚	3.23123.15	
2024年1月12日 11時30分	桂 飯塚	3.23123.14	
2024年1月12日 11時28分	桂 飯塚	3.23123.14	
2024年1月11日 13時59分	桂 飯塚	3.23123.14	
2024年1月11日 13時35分	桂 飯塚	3.23123.14	
2024年1月11日 13時13分	桂 飯塚	3.23123.14	
2024年1月11日 12時51分	桂 飯塚	3.23123.14	
2024年1月11日 12時44分	桂 飯塚	3.23123.14	
2024年1月11日 12時03分	桂 飯塚	3.23123.14	
2024年1月11日 12時01分	桂 飯塚	3.23123.14	
2024年1月11日 11時58分	桂 飯塚	3.23123.14	
2024年1月11日 11時56分	桂 飯塚	3.23123.14	
2024年1月11日 11時54分	桂 飯塚	3.23123.14	
バージョン管理のオプションをさらに表示する			

バージョンの復元、削除

以前のバージョンに戻して公開する場合はバージョンの「**復元**」を利用します。

「バージョン」の「…」をクリックし、「復元」をクリックします。最新バージョンとして作成するか確認メッセージが表示されるので「復元」ボタンを選択します。

●バージョンの「復元」を選択

最新バージョンとして対象バージョンがコピー作成されます。

同様に公開することで、過去のバージョンを公開することも可能です。

●過去のバージョンを公開する

復元できるのはアプリの所有者のみです。また、6カ月以内に保存されたアプリのバージョンに限られます。

バージョンの削除

不必要なバージョンを削除したい場合は、「復元」の下の「削除」を選択し、確認画面から「削除」ボタンをクリックすることで削除できます。

●バージョンの削除

削除したバージョン番号は自動的に繰り上がります。

画像のようにバージョン「229」を削除すると、「230」のバージョン内容が229になります。

なお最新バージョンと公開中バージョンは削除できません。

●バージョン番号が自動的に変更された

バージョン管理機能を使用することで、アプリケーションの開発やメンテナンス作業において、品質や生産性を向上させることができるため、適切な場面で利用してみてください。

> **TOPIC**
>
> **復元時の注意**
>
> Power Appsアプリのバージョンを復元すると、選択したバージョンが現在のバージョンとして新規保存されます。復元されたバージョンがそのままアクティブになるわけではなく、一度保存が必要です。
> そのため、過去のバージョンを試すときは、現在のバージョンも保存しておくと、再度戻したいときに便利です。

メッセージの表示

Power Appsアプリでバナーメッセージを表示させる方法について解説します。

Notify関数でメッセージを表示する

Power Appsアプリ上で、ユーザーのアクションなどに応じてバナーメッセージを表示させたい場合は、**Notify関数**を利用します。Notify関数についてはChapter 4-2でも説明しています。

Notify関数の記述方法は次のとおりです。第一引数の表示内容(ダブルクォーテーションで挟んだメッセージ)は必須です。

ボタンコントロールのOnSelectプロパティに次を設定します。

```
Notify("ボタンを押しました")
```

● OnSelectプロパティにメッセージを設定

プレビューでボタンを押すと、画面上部に次のように表示されます。

● 画面上部にメッセージが表示された

表示タイプは「Error」(エラー)、「Information」(情報)、「Success」(成功)「Warning」(警告)の4タイプから指定できます。既定値はInformationです。通知の見た目のみ変更されます。

257

●表示タイプ

表示タイプ	内容
NotificationType.Error	エラーとして表示する。
NotificationType.Information	情報として表示する。
NotificationType.Success	成功として表示する。
NotificationType.Warning	警告として表示する。

表示する秒数はミリ秒で指定します。

規定値は10000（10秒）です。3秒であれば3000と入力します。

また、Notify関数は動作プロパティでのみ実行されます。

OnSelect、OnChangeなどのOn～プロパティドロップダウンのOnChangeに次を設定してみましょう。

```
Notify("変えました",NotificationType.Success,3000)
```

●OnChangeプロパティに、ドロップダウンを変更したら3秒間表示されるメッセージを設定

ドロップダウンを変更すると次のように表示され、3秒後に消えます。

●メッセージが表示された

簡易チェックを行う

If関数と組み合わせて、簡易なチェックも可能です。

テキスト入力コントロールを追加し、ボタンのOnSelectプロパティに次を設定します。

```
If(Value(TextInput1.text)>=10,Notify("0～9の数字を入力してください",NotificationType.Error,5000)
```

●If関数を使って入力チェックを行う

0～9を入力するようにメッセージを表示しましたが、10を入力してボタンをクリックすると、次のようにエラー表示されます。

●エラー表示された

Notify関数の特徴

Notify関数では次のような特徴があります。

- アプリ内の配置を考慮する必要がない
  →画面上部に表示され消えるため、アプリ内の他コントロールに影響がありません。
- 表示メッセージのカスタムが不可
  →フォントやカラー、幅などテキストラベル等で可能なカスタムができません。

コントロールと条件式をうまく組み合わせて、入力チェックなどで活用してみましょう。

> **TOPIC**
>
> **通知をトリガーするタイミング**
>
> Notify関数を使用するタイミングは、特定のイベントが発生したときや、ユーザーのアクション後にフィードバックを行いたいときに使います。例えばデータ検証の完了にエラーが発生したときや、検証が成功したときなどの操作を知らせる場合に便利です。

Chapter 6-8 委任

Power Appsにおける「委任」とは、データソースからデータを利用する場合にクライアント側ではなくサーバー側に任せる機能のことです。これにより、データが大きくても、効率的な処理を行い、アプリのパフォーマンスを向上させることができます。

委任について

「**委任**」とは、Power Appsがデータソースからデータを利用する際、データソース側にデータ処理を代理で依頼することです。

たとえば、SharePoint Onlineリストをデータソースにしてギャラリーで条件に合うアイテムだけを表示させたい場合、Filter関数を利用して処理します。このときの処理は次のように行われます。

● 委任処理の例

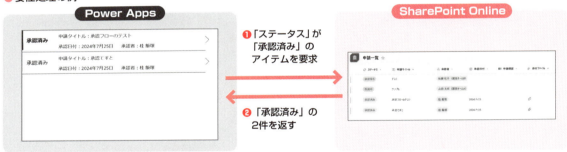

委任を利用することで大量のデータをPower Apps側で処理する必要がなくなるので、アプリの処理速度を向上させることができます。

委任は便利な機能ですが、利用する際にいくつか気を付ける点があります。

- 委任可能なデータソースであるか
- 委任可能な関数で処理が入力されているか

また、委任を使うメリットであるPower Appsでのデータ取得件数上限についても説明します。

委任可能なデータソース

すべてのデータソースで委任が利用できるわけではありません。Power Appsで委任が利用できる主なデータソースを次に挙げます。

◆ 委任可能なデータソース

- Microsoft Dataverse
- SharePoint Online
- SQL Server
- Salesforce

Excelファイル内のテーブルは委任して処理することができません。もしExcelファイルをデータソースとして利用したい場合は、SharePoint Onlineリストへの置き換えを検討してみてもいいでしょう。

委任可能な関数

データソースが委任可能でも、処理を記述する関数も委任可能なものを使用する必要があります。委任可能な関数を次の表にまとめました。

● 委任可能な関数

委任可能な関数	備考
Filter関数	別途、以下記載の関数を内部で使用可能。
Search関数	
First関数	
LookUp関数	別途、以下記載の関数を内部で使用可能。

さらにFilter関数とLookUp関数では、次の関数・変数などを使用した委任が可能です。

● Filter関数とLookUp関数で利用可能なもの

使用可能なもの	備考
And、Or、Not関数	それぞれ &&、||、! でも問題なく使用できます。
In関数	
演算子	+、-、=、<>、<=、>=、<、>
TrimEnds関数	
IsBlank関数	
StartsWith、EndWith関数	
コントロールプロパティ	
グローバル、コンテキスト変数	

委任でデータ取得件数上限をクリアできる

委任できないことによるデメリットは、アプリ処理速度のみではありません。Power Appsでは一度にデータソースから取得できる件数に制限があります。制限は次の画面で設定されています。

● 取得データ行の制限

上の画像では500行と設定されています。設定は変更できますが、最大でも2,000件までしか設定できません。データソースの委任可否は関係なく、もれなく2,000件を超えるデータは一度に扱えません。

そこで重要になるのが委任です。処理を委任する場合はデータソース側で処理を行うため、この取得制限には関係ありません。5,000件でも10,000件でも、処理の後にアプリに返ってくるデータが2,000件以下になっていれば問題ありません。

次は委任可能な場合と、不可の場合の件数取得の流れです。

● 委任不可能な場合

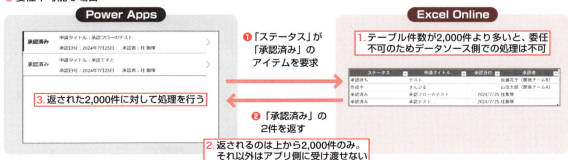

● 委任可能な場合

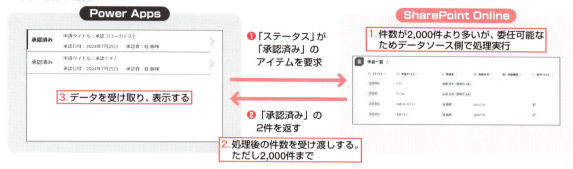

取得制限2,000件の影響はどちらのパターンも変わりませんが、データソース側で2,000件を超えていても、処理後の件数が2,000以下になる場合、実質的に扱えるデータは委任可能なほうが多くなります。

委任の警告

コントロール内で委任不可能な可能性を含む式を入力すると、右の警告が表示されます。

● 委任の警告

プロパティを確認すると、黄色い「～」が引かれ、式内のどの部分に対して警告が出ているのか確認できます。

● 式内の警告部分がわかる

```
ue)   状況=DropdownCanvas2.Selected.Value,IsBlank(TextInputCanvas1.Value) || StartsWith(バー
委任に関する警告です。この数式の強調表示された部分は大きなデータ セットで正常に機能しない可能性があります。"Or" 演算子はこのコネクタでサポートされていません。
問題を表示 (Alt+F8)   使用できるクイック修正はありません
```

上記はExcelテーブルをデータソースに処理を入力しているので、このように警告が表示されています。

これらはその処理が委任不可の可能性があることを示しますが、必ずしもエラーが発生するということではありません。前述の取得件数が大きく関係しますが、委任不可能なことによるデメリットを許容できる場合、この表示を気にする必要はありません。

たとえばExcel Onlineファイルのテーブルをデータソースにしてギャラリーなどで処理を行う場合、委任の警告が表示されますが、テーブルの件数が2,000件を下回る場合、全データを確実に取得してPower Apps内で処理することができます。Power Appsの処理負担以外に気にすることはありません。ただし、1件でも上回った場合取得できなくなってしまうため、件数は余裕をもって見積もっておきましょう。

Chapter 6-9 Copilotの利用

生成AI活用ツールである「Microsoft Copilot」をPower Appsで利用する方法について解説します。式の解説や、有償機能を使えばAI機能を利用できるコントロールを挿入することもできます。

生成AI活用ツール

Power AppsにおけるAIおよび**Microsoft Copilot**（以下、**Copilot**）の利用について説明します。

Copilotは、Microsoftが提供する生成AI活用ツールです。チャットで質問するとAIが自動で回答を生成したり、データを処理したりといったような、ユーザーに便利な機能を提供してくれます。

Power Appsでも、Copilotを利用することでアプリ作成をサポートさせることができます。今回は、Microsoft 365のE5プランの範囲をメインに、Power AppsでのCopilot利用例について解説します。

なお、社内環境など環境によってはアプリ作成できないなど機能制限されている場合があります。その際は、管理者に確認してください。

アプリの自動作成

Copilotはアプリの自動作成ができます。アプリの自動作成は、入力テキストから自動でアプリを作成する機能です。

Power Appsホーム画面を表示すると次の画面が表示されます。テキスト入力欄に必要な機能を文章で入力すると、Copilotがアプリを自動作成します。

テキスト入力欄に「在庫の一覧表示」と入力して、右下の▷アイコンをクリックするか Enter キーを押します。

● テキストで指示をしてアプリを自動生成できる

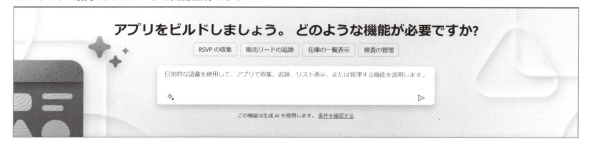

次の画面のように、AIが生成したテーブルが表示されます。
このテーブルは自動生成なので、表示される項目はその都度異なります。
このテーブルに対して、右側に表示されているチャットで指示を出し、カスタマイズしていきます。

● アプリのテーブル

列を編集したり追加させたりするなど、さまざまな指示をしてテーブルに反映できます。

● Copilotにさまざまな指示をする

「AIが生成したコンテンツは不適切である可能性があります。」注意書きがあるように、Copilotを通じたアプリ作成では、指示に対して必ずしも正しい回答が生成されるわけではありません。

例えば次の例では、イチゴはバラ科で合っていますが、バナナはバショウ科が正しく、パイナップルもパイナップル科が正しいため、いずれもバラ科と表示されているのは誤った内容です。

● Copilotの回答には誤りが含まれることがある

一方で、計算させて反映させるといった動作は精度高く正確に反映します。

● 計算結果を反映させる

266

右下の「アプリを作成する」ボタンをクリックすると、次のようにテーブルからアプリを生成してくれます。

● アプリを生成した

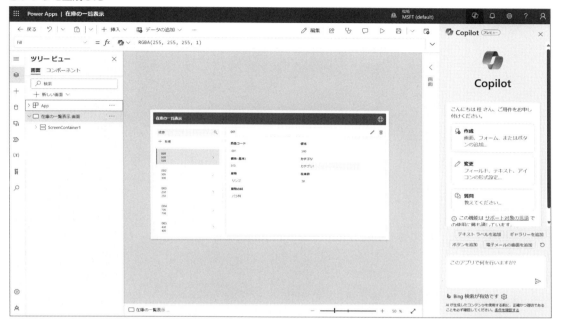

作成されたアプリは、通常通り保存することができます。なお、アプリ一覧への反映が遅いことがあります。保存したアプリが見つからない場合は、少し時間をおいてから一覧を確認してみてください。

アプリの編集

アプリの編集を行うPower Apps StudioでもCopilotを利用できます。
Power Apps Studio画面右上の ❷ をクリックすると、Copilotへ指示を出すチャットウィンドウが表示されます。
次ページの図は、画面とボタンを追加した例です。

● Power Apps StudioでCopilot画面を表示し、Power Appsアプリに画面とボタンを追加した

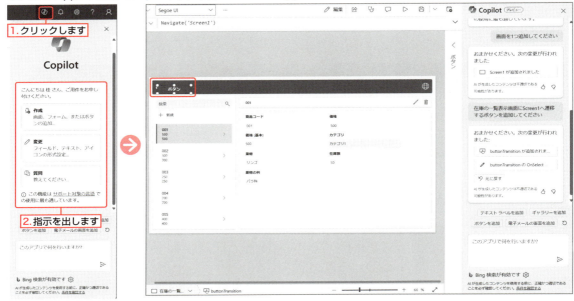

式を説明させる

　Power Apps Studio上で利用できるCopilotの機能に、式の説明があります。プロパティに記載されている式（Power Fx）の内容を解説させることができます。
　この機能は、任意のコントロールのプロパティを開き、「この式を説明する」をクリックするだけで利用できます。

● 式の説明をCopilotにさせる

　式の説明を表示します。

● 式の説明

有償ライセンスで利用できる機能

有償ライセンスが必要ですが、AIやCopilotを利用してできる機能があります。

Microsoft Copilot Studio（旧Power Virtual Agents）で作成したカスタムCopilotをPower Appsアプリと接続して利用できます。

●カスタムCopilotをPower Appsアプリと接続

また、「挿入」メニューの「AI Builder」欄から、直接アプリ内でAIを利用できるコントロールを追加することもできます。なお、AI Builderはオプションライセンスが必要な機能です。

●AIを利用できるコントロールの追加

これにより、画像からテキスト認識するOCRアプリを簡単に作成することができるなど、AIを利用したアプリを作成できます。

ローコード、ノーコードのアプリ開発ツールであるPower Appsですが、こうしたAI技術を積極的に活用して、より手軽に便利なアプリを作成してみましょう。

INDEX

B

Boolean型 51

C

Copilot 264
Copilot Sudio 16

D

DataCard 76
Dataverse 18
Data型 51

F

Filter関数 164

H

Heightプロパティ 46

L

LookUp関数 164

M

Microsoft 365 22
Microsoft Copilot 264
Microsoft Copilot Sudio 16
Microsoft Power Apps 15
Microsoft Power Automate 16
Microsoft Power BI 17
Microsoft Power Platform 14

N

Notify関数 257
Number型 51

O

Office 365 .... 22, 175

P

Power Apps 15,19,25
Power Apps Premium 22
Power Apps Studio 32
Power Automate 16,116,186
Power Automate Desktop 186
Power Automate承認 206
Power BI 17, 23
Power BI Free 23
Power BI Premium 23
Power BI Pro 23
Power Pages 35
Power Platform 14
Power Platform管理センター 220

R

Record型 51

S

SharePoint Online 36, 86
SharePoint Onlineサイト 86
SharePoint Onlineリスト 61, 90

T

Table型 51
Text型 51

W

Widthプロパティ 46

あ行

アクション 188
アプリテンプレート 38
委任 223
インスタントクラウドフロー 187
インポート 245
エクスポート 237,244

か行

型 51
画面遷移 124
空のアプリ 26

空のキャンバスアプリ	28
環境	26
環境を選択	26
企業向けライセンス	22
ギャラリー	158
キャンバスアプリ	15, 35
切り替え	74
クラシックコントロール	34, 41
コオーサリング	20, 223
コネクタ	16, 188
個別購入ライセンス	22
コンテナー	121
コントロール	33, 41
コンポーネント	224
コンポーネントのインポート	231
コンポーネントライブラリ	233
コンボボックス	65, 148

さ行

サイト閲覧者-制御なし	109
サイト所有者-フルコントロール	109
サイトメンバ-制限付き制御	109
自動化したクラウドフロー	187
数値型	51
承認	191, 204
真偽型	51
垂直コンテナー	121
水平コンテナー	121
スケジュール済み　クラウドフロー	187
ソリューション	242

た行

チェックボックス	72
テーブル	25
テーブル型	51
テーブルの結合	178
テキスト入力	56
テキストの書式設定	130
テキストラベル	54
デバック	223
テンプレート	27, 191
トリガー	187, 194, 207
トリガーの条件	198

ドロップダウン	60, 147

な行

内部名	92
入力コントロール	54
入力チェック	127
ノーコード	14, 19

は行

バーコードリーダー	247
バージョン管理	252
日付型	51
日付の選択	57
表示フォーム	75
フォーム	75, 141
復元	255
フロー	25, 187
プロパティ	40, 42, 48
分析	221
ヘッダー	120
編集フォーム	75
変数	132,136
ポリシー	222

ま行

マイフロー	189
メイン画面	25, 119
文字数制限	146
文字列型	51
モダンコントロール	33, 34, 41
モダンテーマ	33
モデル駆動型アプリ	15, 35

ら行

ライセンス	22
ラジオ	73
リストボックス	71
レコード型	51
ローコード	14, 19

著者紹介

南 如信 （みなみ ゆきのぶ）

富士ソフト株式会社 金融事業本部在籍
2002年にIT業界の門戸をたたき、それ以来20年以上、プロジェクトマネージャー、ITアーキテクト、システムエンジニアと、さまざまなポジションでWeb開発やインフラ構築などの受託開発を手掛けてきた。
社内活動としては若手エンジニアの育成が最重要と考えており、教育資料の作成にも注力している。
近年はMicrosoftやSalesforce、PEGAなどのソリューションを担当するとともに、「INTERNET Watch」（インプレス）へ寄稿するなど幅広く活動をおこなっている。

● **本書のサポートページ**
http://www.sotechha.co.jp/sp/1340/
本書の理解に役立つサンプルファイルや、出版後に判明した補足情報などを掲載します。

Microsoft Power Apps
ビジネスアプリ入門講座

2024年10月31日　初版　第1刷発行

著　　　　　者	南如信
カバーデザイン	広田正康
発　行　人	柳澤淳一
編　集　人	久保田賢二
発　行　所	株式会社ソーテック社
	〒102-0072　東京都千代田区飯田橋4-9-5　スギタビル4F
	電話（注文専用）03-3262-5320　FAX 03-3262-5326
印　刷　所	株式会社シナノ

©2024 Minami Yukinobu
Printed in Japan
ISBN978-4-8007-1340-7

本書の一部または全部について個人で使用する以外著作権上、株式会社ソーテック社および著作権者の承諾を得ずに無断で複写・複製することは禁じられています。
本書に対する質問は電話では受け付けておりません。また、本書の内容とは関係のないパソコンやソフトなどの前提となる操作方法についての質問にはお答えできません。
内容の誤り、内容についての質問がございましたら切手・返信用封筒を同封のうえ、弊社までご送付ください。
乱丁・落丁本はお取り替え致します。

本書のご感想・ご意見・ご指摘は
http://www.sotechsha.co.jp/dokusha/
にて受け付けております。Webサイトでは質問は一切受け付けておりません。